职业教育土建类专业课程改革系列教材
"1+X"建筑工程识图职业技能等级标准对标教材

中望建筑CAD（微课视频版）

广州中望龙腾软件股份有限公司　组　编
孙　琪　李　垚　张莉莉　主　编
周俊义　孙小雪　李姝慗　秦晓娜　黎江龙　副主编
张亚龙　吴　军　申帅奇　韩伟伟　龚祥欢　参　编

机械工业出版社

本书在编写形式上采用任务驱动模式，通过合理的教材编排形式，坚持入门快、自学易、求精通的特点，使读者能够有目的性地理解和学习知识。本书主要内容包括体验中望CAD建筑版，创建与绘制轴网，创建与绘制柱子，创建墙体、梁和楼板，创建与绘制门窗，创建楼梯及建筑设施，创建与绘制屋顶，创建与绘制房间，创建与绘制建筑立面图、剖面图，创建文字表格与尺寸标注，创建图块与图案，巧用辅助工具，绘制总图，创建文件与布图设置，创建三维造型，绘制别墅施工图，图纸布置与出图打印，共17个项目。附录提供了工程图纸，供读者结合知识内容进行实践操作，形成理实一体化教学模式。

本书可作为中等职业学校及技工技师院校、高等职业院校、职业本科院校建筑工程技术专业、工程造价专业、建筑电气工程技术专业、建筑装饰工程技术专业的教材，也可作为相关企业从业人员的参考用书。

图书在版编目（CIP）数据

中望建筑CAD：微课视频版 / 广州中望龙腾软件股份有限公司组编；孙琪，李垚，张莉莉主编．—北京：机械工业出版社，2021.12（2024.4重印）

职业教育土建类专业课程改革系列教材

ISBN 978-7-111-70119-4

Ⅰ．①中… Ⅱ．①广…②孙…③李…④张… Ⅲ．①建筑设计 – 计算机辅助设计 –AutoCAD软件 – 高等职业教育 – 教材 Ⅳ．① TU201.4

中国版本图书馆CIP数据核字（2022）第017736号

机械工业出版社（北京市百万庄大街22号　邮政编码100037）
策划编辑：常金锋　　　责任编辑：常金锋　陈将浪
责任校对：张　征　张　薇　责任印制：常天培
北京机工印刷厂有限公司印刷
2024年4月第1版第4次印刷
184mm×260mm・19印张・1插页・316千字
标准书号：ISBN 978-7-111-70119-4
定价：55.00元

电话服务　　　　　　　　　网络服务
客服电话：010-88361066　机 工 官 网：www.cmpbook.com
　　　　　010-88379833　机 工 官 博：weibo.com/cmp1952
　　　　　010-68326294　金 书 网：www.golden-book.com
封底无防伪标均为盗版　　　机工教育服务网：www.cmpedu.com

本教材全面落实工学结合、立德树人根本任务，采用国产自主可控CAD工业软件进行编写，具有以下特色：

一、立德树人、价值引领

教材以习近平新时代中国特色社会主义思想为指导，以立德树人为根本任务，在编写中坚持正确的政治方向和价值导向，将社会主义核心价值观与教材内容有机融合，深入挖掘教学素材中蕴含的思政元素，加强爱国主义、集体主义和社会主义教育，弘扬职业精神、工匠精神和劳模精神，注重职业道德和职业素养提升。引导学生树立正确的世界观、人生观和价值观。

二、岗课赛证、综合育人

依据《全国职业院校技能大赛执行规划（2023—2027年）》高职组"建筑装饰数字化施工"，第八届北京市大学生工程设计表达竞赛（建筑类），青海省职业院校职业技能大赛（中职组建筑CAD赛项、建筑工程识图赛项），黑龙江省职业院校技能大赛（高职组建筑工程识图赛项），均采用了中望CAD平台版软件、中望CAD建筑版软件进行比赛。

为落实教育部等四部门印发《关于在院校实施"学历证书＋若干职业技能等级证书"制度试点方案》的要求，按照"1+X"建筑工程识图职业技能等级标准要求，本项职业技能等级证书考试中采用了中望CAD建筑版软件进行建筑制图模块的考核鉴定。

本教材助力"岗课赛证"融通实施，服务于全国更多院校的人才培养与教学改革。

三、技能需求、驱动编写

本图书为校企合作联合编写教材，在人才培养过程中的作用明显。为提高比赛技能以及以赛促学，促进课堂学习，将知识变得更加直观，便于理解与学习。本教材采用任务驱动编写模式，分17个项目情境学习单元，项目下又细分为70个任务，每个任务都有一个典型的工程案例进行详细讲述。教材编写紧跟产业发展趋势和行业人才需求，及时将产业发展的新技术、新工艺、新规范纳入教材内容。

四、教学资源丰富

本教材配套共计 520 分钟的微课视频，368 页教学课件，提供整套建筑平立剖、节点大样、施工结构的建筑工程图纸等资源，能够引导学生探索知识，有利于激发学生自主学习；可辅助教师实现翻转课堂教学，为教学过程中进一步探索"工学结合"一体化教学提供了充分的准备。本教材符合学生学习的认知特点与学习习惯，符合技术技能人才成长规律，知识传授与技术技能培养并重，强化学生职业素养养成和专业技术积累。

本书由广州中望龙腾软件股份有限公司组编，由孙琪、李垚、张莉莉任主编，由周俊义、孙小雪、李姝憨、秦晓娜、黎江龙任副主编，参加编写的人员还有张亚龙、吴军、申帅奇、韩伟伟、龚祥欢。本书在编写过程中还得到了相关技术人员、一线教师的大力支持，在此一并深表谢意！

最后，感谢读者选择了本教材。由于编者水平有限，书中疏漏和不妥之处，敬请读者批评指正（主编QQ:287889834）。另外，本书配套资源下载可申请加入"中望建筑CAD教师工程师"QQ①群：293110701；QQ②群：341587152，也可登录机械工业出版社教育服务网 http：//www.cmpedu.com 免费下载。

编　者

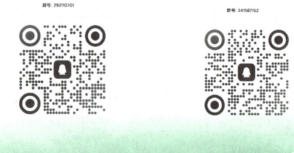

岗课赛证·综合育人
融通工作思路

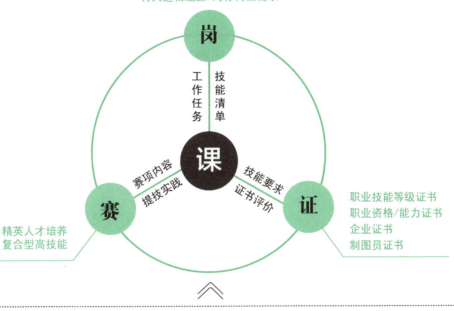

服务课程体系构建、综合育人人才培养体系

赛	项目制、赛训制 高技能人才、双创人才	精英人才
岗	专业群、岗位群 专业群培养目标及满足岗位需求复合型人才	复合型人才
证	X证书、企业认证及其他认证 覆盖全专业培养拥有一技之长的实用型人才	实用型人才

官方教材岗课赛证
讲座视频
(扫码观看)

讲　座：中望建筑CAD软件教学与实战应用
主讲人：张小亮
简　介：广州中望龙腾软件股份有限公司高级培训讲师；
全国职业院校技能大赛"建筑CAD""建筑工程识图""建筑装饰技能"
"建筑装饰技术应用"赛项技术支持负责人；
连续数年担任省级技能大赛裁判和专家；
多次参与"1+X"建筑工程识图职业技能等级证书巡考及裁判工作；
担任省级学业水平测试技术支持工作负责人。

以下微课视频二维码所讲内容包含了本书所讲的常用命令，敬请在 Wi-Fi 环境下扫描观看、学习。

目 录

前言

项目 1　体验中望 CAD 建筑版 ································ 1
　任务 1.1　安装中望 CAD 建筑版软件 ························ 2
　任务 1.2　操作软件工作界面及体验功能分布 ············· 5
　任务 1.3　认识图档组织 ·· 17

项目 2　创建与绘制轴网 ·· 23
　任务 2.1　认识轴网对象 ·· 24
　任务 2.2　创建轴网 ··· 24
　任务 2.3　标注轴网 ··· 32
　任务 2.4　编辑轴网 ··· 34
　任务 2.5　编辑轴号 ··· 36

项目 3　创建与绘制柱子 ·· 40
　任务 3.1　认识柱子对象 ·· 41
　任务 3.2　创建柱子 ··· 41
　任务 3.3　编辑柱子 ··· 46

项目 4　创建墙体、梁和楼板 ···································· 49
　任务 4.1　认识墙体对象 ·· 50
　任务 4.2　创建墙体 ··· 53
　任务 4.3　编辑墙体 ··· 56
　任务 4.4　使用三维工具 ·· 60
　任务 4.5　使用其他工具 ·· 66
　任务 4.6　创建梁和楼板 ·· 67

VII

项目 5　创建与绘制门窗 ··· 69
任务 5.1　认识门窗对象 ·· 70
任务 5.2　创建门窗 ··· 75
任务 5.3　编辑门窗 ··· 81
任务 5.4　创建门窗表 ··· 87
任务 5.5　使用门窗库 ··· 88

项目 6　创建楼梯及建筑设施 ··· 92
任务 6.1　创建楼梯 ··· 93
任务 6.2　创建楼梯附件 ·· 101
任务 6.3　创建其他设施 ·· 104

项目 7　创建与绘制屋顶 ··· 114
任务 7.1　认识屋顶对象 ·· 115
任务 7.2　创建屋顶 ··· 115

项目 8　创建与绘制房间 ··· 124
任务 8.1　认识房间对象 ·· 125
任务 8.2　创建房间 ··· 125
任务 8.3　使用面积工具 ·· 129
任务 8.4　设置卫浴布置 ·· 130

项目 9　创建与绘制建筑立面图、剖面图 ·· 134
任务 9.1　创建与绘制立面图 ··· 135
任务 9.2　创建与绘制剖面图 ··· 137
任务 9.3　使用剖面墙、梁辅助工具 ··· 139
任务 9.4　使用剖面楼梯辅助工具 ·· 143
任务 9.5　使用立面图、剖面图辅助工具 ·· 146

项目 10　创建文字表格与尺寸标注 ·· 149
任务 10.1　创建文字 ·· 150
任务 10.2　创建表格 ·· 152
任务 10.3　标注工程符号 ··· 156

任务 10.4　认识尺寸标注 …………………………………………………… 162

任务 10.5　创建尺寸标注 …………………………………………………… 162

任务 10.6　编辑尺寸标注 …………………………………………………… 167

任务 10.7　标注建筑标高 …………………………………………………… 169

项目 11　创建图块与图案 …………………………………………………… 172

　　任务 11.1　创建图块 ……………………………………………………… 173

　　任务 11.2　创建图案 ……………………………………………………… 177

项目 12　巧用辅助工具 ……………………………………………………… 183

　　任务 12.1　设置视口工具 ………………………………………………… 184

　　任务 12.2　巧用对象工具 ………………………………………………… 184

　　任务 12.3　妙用绘图辅助工具 …………………………………………… 188

项目 13　绘制总图 …………………………………………………………… 194

　　任务 13.1　创建地形工具 ………………………………………………… 195

　　任务 13.2　创建道路车位 ………………………………………………… 196

　　任务 13.3　绘制总图绿化 ………………………………………………… 198

　　任务 13.4　绘制总图标高与坐标 ………………………………………… 200

　　任务 13.5　设置总图辅助 ………………………………………………… 201

项目 14　创建文件与布图设置 ……………………………………………… 204

　　任务 14.1　创建楼层信息 ………………………………………………… 205

　　任务 14.2　格式转换操作 ………………………………………………… 207

　　任务 14.3　布置图纸 ……………………………………………………… 209

项目 15　创建三维造型 ……………………………………………………… 212

　　任务 15.1　认识特征造型 ………………………………………………… 213

　　任务 15.2　使用面模型工具 ……………………………………………… 217

　　任务 15.3　使用三维编辑工具 …………………………………………… 218

项目 16　绘制别墅施工图 …………………………………………………… 219

　　任务 16.1　绘制前界面设置 ……………………………………………… 220

　　任务 16.2　绘制首层平面图 ……………………………………………… 221

任务 16.3　绘制二层平面图·· 243

　　任务 16.4　绘制三层平面图·· 248

　　任务 16.5　绘制屋顶平面图·· 253

　　任务 16.6　绘制正立面图··· 256

　　任务 16.7　绘制剖面图··· 264

　　任务 16.8　绘制详图··· 270

项目 17　图纸布置与出图打印·· 274

　　任务 17.1　设置模型空间与图纸空间·· 275

　　任务 17.2　设置单比例模型空间布图·· 275

　　任务 17.3　设置多比例图纸空间布图·· 279

附录　卫生院施工图纸·· 282

项目 1　体验中望 CAD 建筑版

本项目内容包括

- 安装中望 CAD 建筑版软件
- 操作软件工作界面及体验功能分布
- 认识图档组织

● 任务目标

通过对本项目的学习，掌握以下技能与方法：
1. 学会安装和启动中望 CAD 建筑版软件。
2. 熟悉用户操作工作界面及功能分布。
3. 了解中望 CAD 建筑版软件的图档组织。

● 任务内容

本项目详尽地阐述了中望 CAD 建筑版软件的基础知识，这些知识对于学习和掌握中望 CAD 建筑版软件不可缺少。学习完本项目，要求能正确安装中望 CAD 建筑版软件，并能够对中望 CAD 建筑版软件的界面模块功能进行演示操作。

● 实施条件

1. 台式计算机或笔记本电脑。
2. 中望 CAD 建筑版软件。

任务 1.1　安装中望 CAD 建筑版软件

中望建筑 CAD 以建筑设计的应用为主体，可应用于建筑设计、室内设计、规划设计和水利等领域，软件覆盖的范围比较广泛。

中望 CAD 建筑版软件系统要求如下。

操作系统	Windows8.1（64 位）和 Windows10（64 位）
处理器	基本要求：2.5～2.9GHz 处理器 建议：3 GHz 以上处理器 多处理器：受应用程序支持
内存	基本要求：8GB 建议：16GB
显示器分辨率	传统显示器：1920×1080 真彩色显示器 高分辨率和 4K 显示器：在 Windows10（64 位）系统（配支持的显卡）上支持高达 3840×2160 的分辨率
显卡	基本要求：1GB GPU，具有 29GB/s 带宽，与 DirectX11 兼容 建议：4GB GPU，具有 106GB/s 带宽，与 DirectX11 兼容
磁盘空间	7.0GB
固态硬盘	128GB 以上
网络	通过部署向导进行部署。许可服务器以及运行依赖网络许可的应用程序的所有工作站都必须运行 TCP/IP 协议。可以接受 Microsoft 或 Novell TCP/IP 协议的堆栈。工作站上的主登录可以是 Netware 或 Windows。除了应用程序支持的操作系统外，许可服务器还将在 Windows【Server2012】R2、Windows【Server2016 和 Windows】Server2019 的各版本上运行
指针设备	Microsoft 鼠标兼容的指针设备
.NET Framework	.NET Framework4.8 版本或更高版本

1.1.1　必备知识储备

本书主要用于具有一定 Windows 系统和中望 CAD 平台软件基本操作经验的用户进行进阶学习，如果您还没有这方面的知识，那么请寻找相关资料学习入门操作。

机械工业出版社在 2022 年出版了中望 CAD 教育通用版平台软件的图书

[《中望 CAD 实用教程（机械、建筑通用版）第 2 版》，孙琪主编，ISBN978-7-111-70394-5]，如图 1-1 所示，得到了读者的广泛好评。该书对 70 个任务模块的 105 个相关常用命令做了详细介绍，并以练习案例的形式做了导入讲解。因此，对于必备的中望 CAD 平台软件基础命令的应用知识在本书不再进行赘述，读者如没有掌握，可翻看该书进行学习。

除此之外，用户若能够正常使用办公软件 Word 和 Excel 等，尽管这不是学习本软件所必需的，但具有这些办公软件的一些操作知识将有益于用户理解中望建筑 CAD 的功能和操作。

图 1-1 《中望 CAD 实用教程（机械、建筑通用版）第 2 版》

1.1.2 安装和启动

双击中望 CAD 建筑版软件的安装程序图标，待安装程序启动后按照提示进行一键式安装。程序安装完毕后，将在桌面上建立中望 CAD 建筑版软件快捷启动图标和中望 CAD 软件快捷启动图标（不同发行版本的名称可能会有所不同）。双击中望 CAD 建筑版软件启动快捷图标即可启动中望建筑 CAD。中望 CAD 建筑版软件安装完成后，可以提供试用 30 天的免费服务体验，如图 1-2、图 1-3 所示。

1.1.3 使用流程

中望建筑 CAD 提供的功能可以满足建筑施工图设计所涉及的各个阶段的需求，所以无论是初期的方案设计还是最后阶段的施工图设计，中望建筑 CAD 均可有效处理。但设计过程中设计图纸的绘制深度取决于各设计阶段对施工图绘制深度的要求，这是由用户根据自己的需求来把握的，中望建筑 CAD 系统是一个很好的实现工具。如图 1-4 所示，图中给出了使用中望建筑 CAD 进行建筑设计的一般流程，除了具有因果关系的步骤必须严格遵守外，通常没有严格的先后顺序限制。

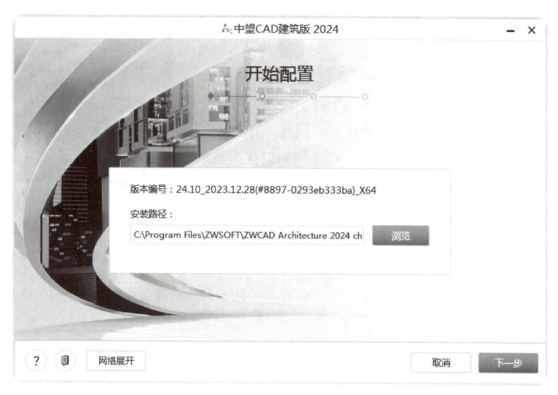

图 1-2　中望 CAD 建筑版软件安装界面

图 1-3　中望 CAD 建筑版软件安装完成后试用 30 天界面

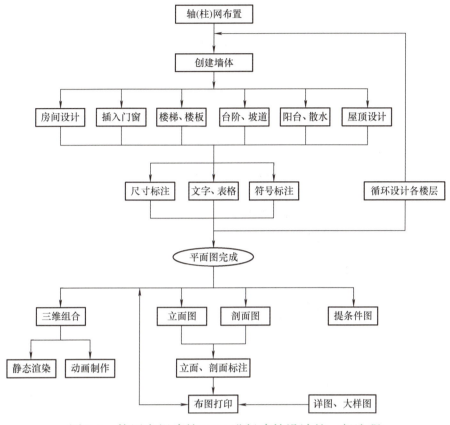

图1-4 使用中望建筑CAD进行建筑设计的一般流程

任务 1.2　操作软件工作界面及体验功能分布

中望建筑CAD对中望CAD平台软件的界面进行了建筑专业领域的扩充，这些界面的使用会在下面的讲解中作综合性介绍。

中望CAD建筑版的开机动画界面如图1-5所示，中望CAD建筑版的二维草图与注释界面如图1-6所示，中望CAD建筑版的经典界面如图1-7所示；读者可以对比一下中望CAD 2024的开机动画界面（图1-8），中望CAD 2024的二维草图与注释界面（图1-9），中望CAD 2024的经典界面（图1-10），看看有什么不同。

通过1.1.2节的安装介绍可以发现，中望CAD建筑版软件安装包在安装完成的时候，计算机桌面会同时出现2个软件图标，一个蓝色的中望CAD软件快捷启动图标，一个绿色的中望CAD建筑版软件快捷启动图标。此时通过对比就可以发现，中望CAD建筑版的使用与运行类似于"广联达"算量插件软件，是要附着于平台软件运行的。因此，这也是本书之前提到的，要学习中望CAD建筑版软件，必须要掌握中望CAD平台软件的基础知识。

图1-5　中望CAD建筑版软件的开机动画界面

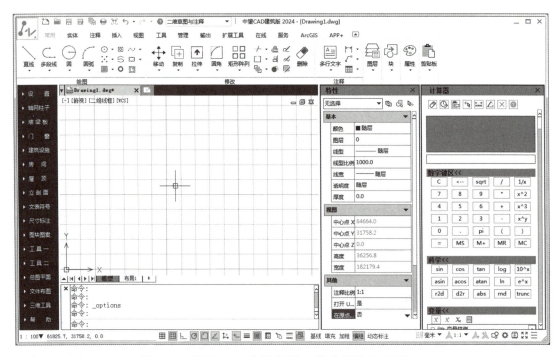

图1-6　中望CAD建筑版的二维草图与注释界面

项目 1　体验中望 CAD 建筑版

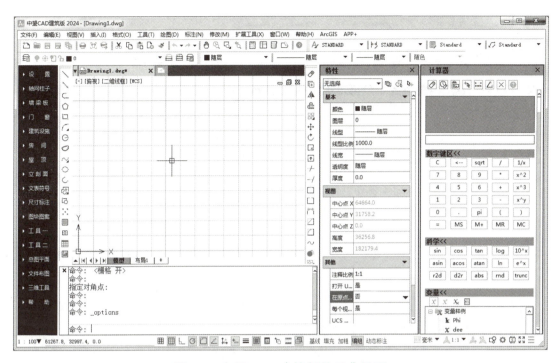

图 1-7　中望 CAD 建筑版的经典界面

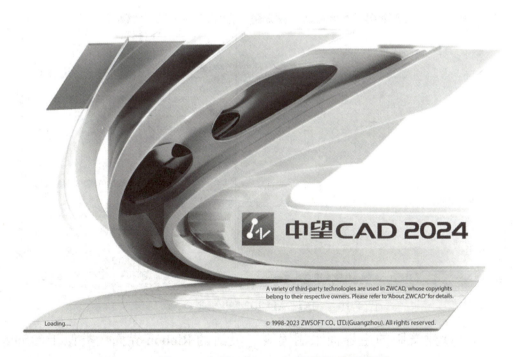

图 1-8　中望 CAD 2024 的开机动画界面

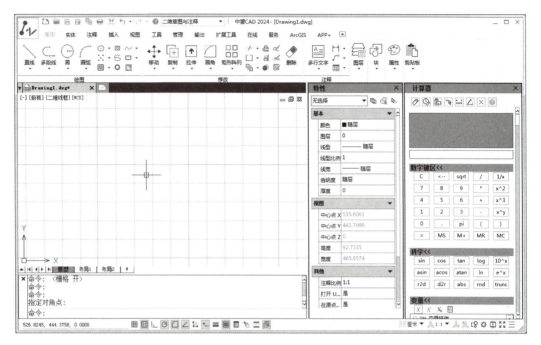

图1-9 中望CAD 2024的二维草图与注释界面

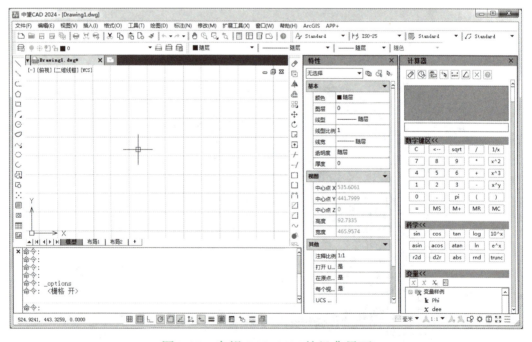

图1-10 中望CAD 2024的经典界面

中望CAD建筑版的主界面采用美观、灵活的Ribbon界面，类似于Office的界面，如图1-11所示。相比于经典版本（图1-12），Ribbon界面对用户有着更高的友好度，使用户能更轻松地上手使用。同时，中望CAD建筑版软件也支持

Ribbon 界面与经典界面之间互换，更符合设计师的使用习惯。

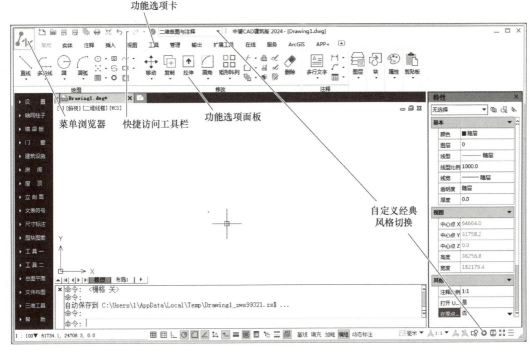

图 1-11　中望 CAD 建筑版 Ribbon 界面主要工作界面及功能分布

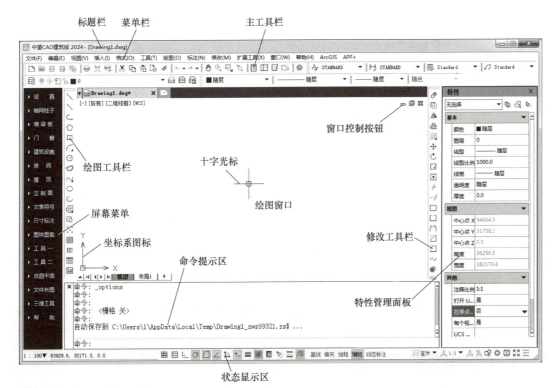

图 1-12　中望 CAD 建筑版经典界面主要工作界面及功能分布

9

中望CAD建筑版的Ribbon界面主要有标题栏区域，绘图栏、修改栏界面功能区，屏幕菜单，功能选项卡，功能选项面板等可自行设定的工具栏。

1.2.1 标题栏区域

标题栏区域包括3部分内容。

1. 菜单浏览器

单击标题标区域左上角中望建筑CAD的图标即可进入菜单浏览器界面，如图1-13所示，此功能类似于Office系列软件。

图1-13 菜单浏览器及快速访问工具栏

2. 快速访问工具栏

此处提供了中望建筑CAD部分常用工具的快捷访问方式，包括新建文件、保存/另存为文件、打印、撤销/恢复操作等。

3. 窗口控制按钮

窗口控制按钮与Windows的功能完全相同，可以利用标题栏区域右上角的窗口控制按钮将窗口最小化、最大化或关闭。

1.2.2 绘图栏、修改栏界面功能区

绘图栏界面功能区（从左至右）包括【直线】【构造线】【多段线】【多边形】【矩形】【三点画圆弧】【圆】【云线】【样条曲线】【椭圆】【圆弧】【插入块】【创建块】【点】【填充图案】【面域】【表格】【多行文字】等功能按键，如图1-14中的第一行。

修改栏界面功能区（从左至右）包括【删除】【复制】【镜像】【偏移】【阵列】【移动】【旋转】【缩放】【拉伸】【修剪】【延伸】【打断于点】【打断】【合并】【倒角】【圆角】【分解】等功能按键，如图1-14中的第二行。

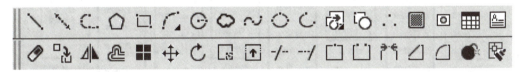

图1-14　绘图栏、修改栏界面功能区

1.2.3 屏幕菜单

中望建筑CAD的主要功能都列在了主界面左侧的屏幕菜单中，屏幕菜单采用"折叠式"两级结构，如图1-15、图1-16所示。第一级菜单可以通过单击展开第二级菜单，任何时候最多只能展开一个一级菜单，展开另外一个一级菜单时，原来展开的菜单会自动合拢。第二级菜单是真正可以执行任务的菜单，大部分菜单项都有图标，以方便用户更快地确定菜单项的位置。当光标移到菜单项上时，中望CAD的状态行会出现该菜单项功能的简短提示。

折叠式菜单效率很高，但由于屏幕的空间有限，当某个较长的二级菜单打开后，下部某些第一级菜单可能被遮挡，无法完全看到，此时既可以通过鼠标滚轮滚动快速上下移动，还可以鼠标右键单击父级菜单弹出下级菜单（当然这并不是最好的方法）。对于特定的工作，有些一级菜单很少使用或者根本不用，那么这时可以鼠标右键单击屏幕菜单的空白处个性化配置屏幕菜单，设置一级菜单项的可见性，甚至可以关闭不常用的菜单，达到快速为中望建筑CAD的菜单系统"减肥"的效果。除了标准的右键菜单，中望建筑CAD还提供了功能丰富的剖面菜单和总图菜单，方便用户面对不同的绘图操作。

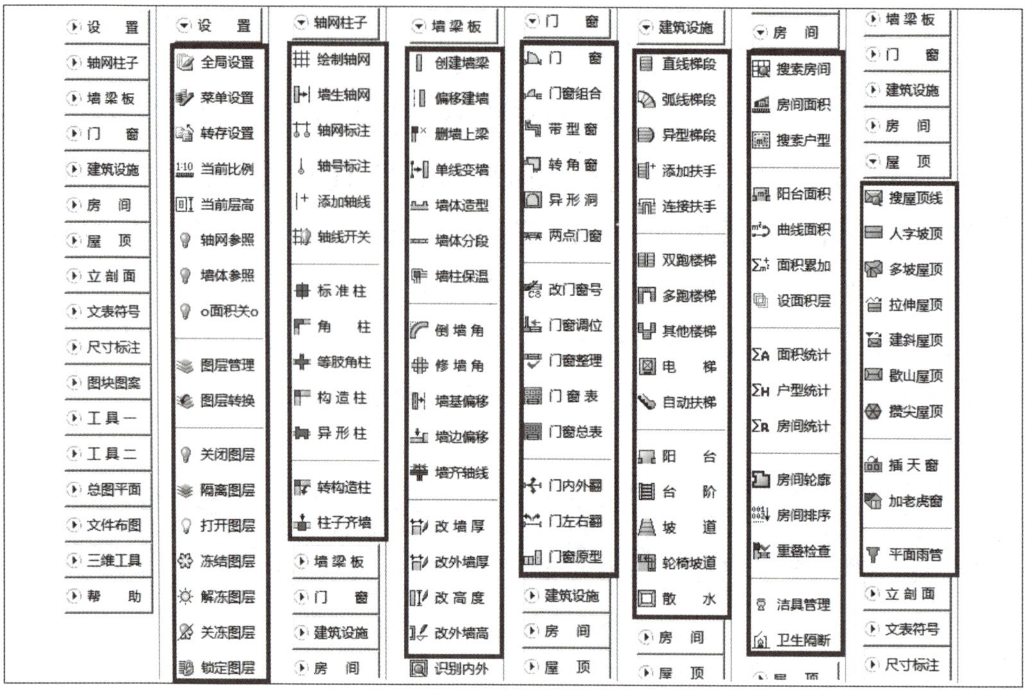

图1-15　屏幕菜单（一）

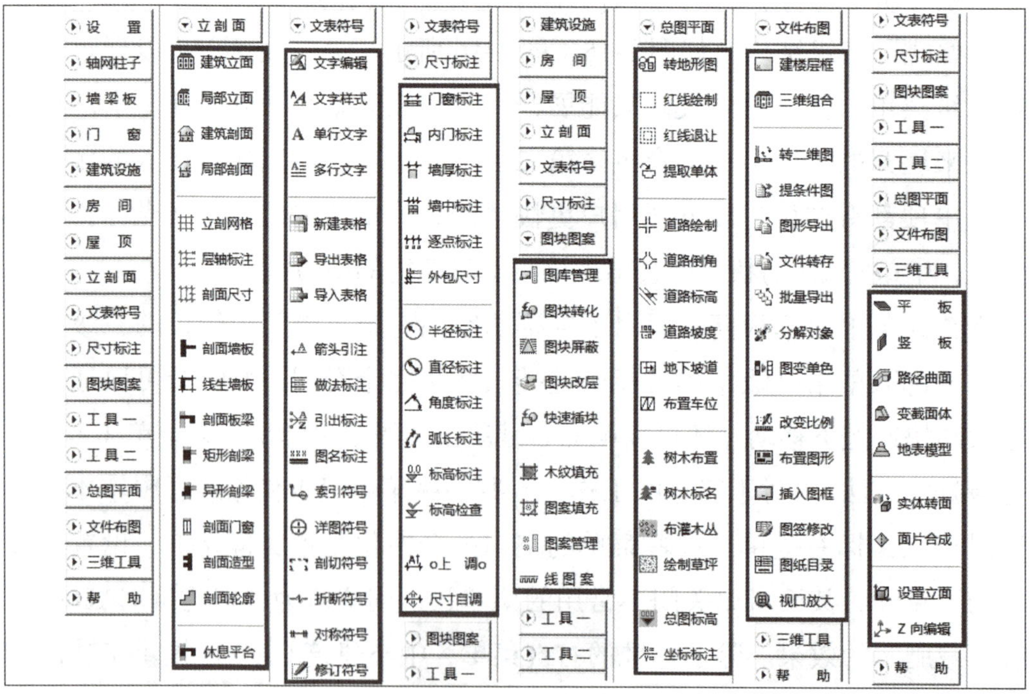

图1-16　屏幕菜单（二）

1.2.4 功能选项卡

功能选项卡是显示基于任务的命令和控件的选项卡。在创建或打开文件时，会自动显示功能区，提供一个创建文件所需的所有工具的小模型选项板。中望 CAD 的 Ribbon 界面包括【常用】【实体】【注释】【插入】【视图】【工具】【管理】【输出】【扩展工具】等功能选项卡，如图 1-17 所示。

图 1-17 Ribbon 界面功能选项卡

1.2.5 功能选项面板

每个功能选项卡下都会有展开的面板，即"功能选项面板"。这些面板依照其功能标记在相应选项卡中，功能选项面板包含很多的工具和控件，与工具栏和对话框中的相同。图 1-18 所示的是"常用"功能选项面板，其中包括【多段线】【圆】【圆弧】等功能按键。

图 1-18 Ribbon 界面功能选项面板

1.2.6 功能选项面板下拉菜单

在功能选项面板中，很多命令还有可展开的下拉菜单，可选择更详细的功能命令。如图 1-19 所示，单击【圆】下的图钉标记，显示【圆】的下拉菜单。

1.2.7 绘图区

绘图区位于屏幕中央的空白区域，如图 1-20 所示，所有的绘图操作都是在该区域中完成的。在绘图区的左下角显示了当前坐标系图标，向右

图 1-19 功能选项面板下拉菜单

为 X 轴正方向，向上为 Y 轴正方向。绘图区没有边界，无论多大的图形都可置于其中。光标移动到绘图区中会变为十字光标，执行选择对象的时候光标会变成一个方形的拾取框。

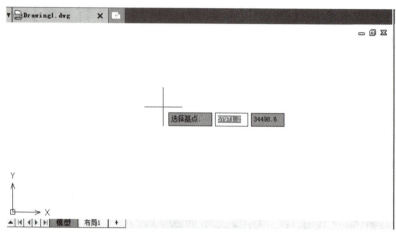

图 1-20　绘图区

1.2.8　命令栏（命令提示区）

命令栏位于工作界面的下方，此处显示了用户曾输入的命令记录以及中望建筑 CAD 对用户的命令所进行的提示，如图 1-21 所示。

当命令栏中显示"命令："提示的时候，表明系统在等待用户输入命令。当系统处于命令执行过程中，命令栏中显示各种操作提示。用户在绘图的整个过程中，要密切留意命令栏中的提示内容。

图 1-21　命令栏

1.2.9　状态栏

状态栏位于工作界面的最下方，如图 1-22 所示，显示了当前光标在绘图区所处的绝对坐标位置。同时，还显示了常用的控制按钮，如【捕捉】【栅格】【正交】等，单击一次控制按钮，按钮按下表示启用该功能，再单击则关闭。

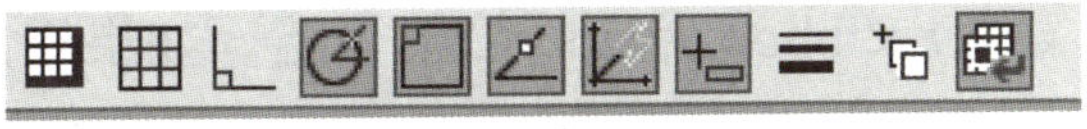

图 1-22 状态栏

1.2.10 工具选项板、绘图工具栏、修改工具栏等自定义工具栏

工具选项板、绘图工具栏、修改工具栏等自定义工具栏是用户根据自身的使用习惯及需要自行调用的一系列工具栏，可根据实际情况自由选择。在中望建筑 CAD 中，提供了二十多个已命名的工具栏。默认情况下，【绘图】和【修改】工具栏处于打开状态。如果要显示当前隐藏的工具栏，可在任意工具栏上鼠标右键单击，此时将弹出一个快捷菜单，如图 1-23 所示，通过选择命令可以显示或关闭相应的工具栏。

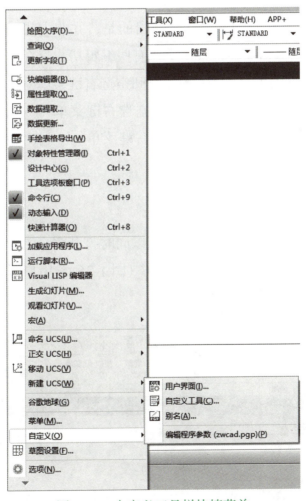

图 1-23 自定义工具栏快捷菜单

以上是中望建筑 CAD Ribbon 界面的简单介绍。如果用户希望使用经典风格的中望建筑 CAD，可选择单击状态栏右下角的 ⚙，单击【二维草图与注释】，界面显示为 Ribbon 界面；单击【ZWCAD 经典】则为经典风格，如图 1-24 所示。

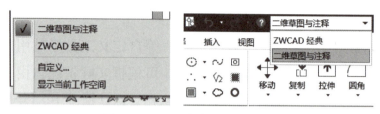

图 1-24　界面切换的 2 种方式

1.2.11　右键菜单

这里介绍的是绘图区的右键菜单，如图 1-25 所示，其他界面上的右键菜单见相应的任务。要指出的是，并非中望建筑 CAD 的全部功能都列在屏幕菜单上，有些编辑功能只在右键菜单上列出。右键菜单有三类：模型空间空选右键菜单——列出绘图任务最常用的功能；布局空间空选右键菜单——列出布图任务常用功能；选中特定对象的右键菜单——列出该对象有关的操作。

1.2.12　文档标签

图 1-25　右键菜单

中望建筑 CAD 平台支持多文档，可以同时打开多个 DWG 文档。当有多个文档打开时，文档标签出现在绘图区上方（图 1-26），用户可以通过点取文档标签快速地在不同文档间自由切换。

图 1-26　文档标签

1.2.13 模型视口

绘制建筑工程图使用单个模型空间视口即可。但对于三维应用而言，多个视口分别显示不同的视图显得特别有意义。中望建筑 CAD 通过简单的鼠标拖放操作，就可以轻松地操纵视口。

1. 新建和删除视口

当光标移到当前视口的 4 个边界时，光标形状会发生变化，此时按鼠标左键拖放就可以新建视口。注意光标要稍位于图形区一侧，否则可能改变其他的用户界面，如屏幕菜单和图形区的分隔条以及文档窗口的边界。

2. 更改视口尺寸

当光标移到视口边界或角点时，光标的形状会发生变化，此时按鼠标左键进行拖放，可以更改视口的尺寸。此时与边界延长线重合的视口也会随同改变，如不需改变与边界延长线重合的视口，可在用鼠标拖放时按住 <Ctrl> 或 <Shift> 键。

3. 删除视口

若要删除视口，只需要在新建的视口边界按鼠标左键拖动新视口边界，更改视口的尺寸，使它和某个方向的边发生重合（或接近重合），视口自动被删除。

4. 放弃操作

在用鼠标拖放的过程中如果想放弃操作，可按 <Esc> 键取消操作。如果操作已经生效，则可以用中望建筑 CAD 的【放弃】命令（UNDO）处理。

任务 1.3　认识图档组织

无论是应用中望建筑 CAD 来绘制工程图，还是用它来三维建模，都涉及 DWG 文档是由什么构成的问题，以及如何用一个 DWG 文档或多个 DWG 文档来表达设计的问题。

1.3.1　图形元素

中望建筑 CAD 可以通过第三方程序扩充图元的类型，具有专业化、可视化、智能化的特点。中望建筑 CAD 利用这个特性，定义了数十种专门针对建筑设计和三维建模的图形对象。其中一部分对象代表建筑构件，如墙体、柱子和门窗，这些对象在程序实现的时候融进了许多专业知识，因此可以表现出智能化的特征，例如门窗碰到墙，墙就自动开洞并装入门窗。另有部分对象代表图纸注释的内容，如文字、符号和尺寸标注，这些注释采用图纸的度量单位和制图标准进行匹配。还有部分对象作为几何形状，如矩形、平板、路径曲面，具体用来干什么由使用者自行决定。

1.3.2 多层模型

中望建筑 CAD 应用专业对象技术，在满足建筑施工图绘制功能的前提下，兼顾三维快速建模，模型与平面图同步完成。众所周知，平面设计是建筑施工图设计的重点，中望建筑 CAD 平面图表达的是建筑平面实体模型，而不只是单纯的二维平面图设计，因为中望建筑 CAD 平面设计是在建筑平面模型的三维空间内进行的。

通常，一个完整的建筑是由多个楼层（自然层）构成的，其中构件布局相同的楼层无须重复表达，归纳为标准层。中望建筑 CAD 支持将全部平面图甚至全部工程图放在一个图形文件中，用楼层框框住标准层图形，并给出它所代表的自然层信息。不过这样会造成图形文件太大，计算机运行速度降低的问题。如果平面图信息量比较大，把各个标准层作为一个单独的文件，用一个楼层表文件描述这些标准层平面图和自然层之间的对应关系可能更合适。

1.3.3 图形编辑

这里介绍自定义对象即建筑对象的编辑。中望建筑 CAD 基本对象的编辑不是本书的任务，不过要强调一点，中望建筑 CAD 的基本编辑命令如【复制】【移动】【删除】等都可以用来编辑建筑对象，除非后续内容另有说明。专用的编辑工具不在本节讲述，请参考后续的各个任务。本节对通用的编辑方法作简要介绍，用户应当熟练掌握这些方法。

1. 在位编辑

中望建筑 CAD 所定义的涉及文字的对象，都支持在位编辑，不管是单行文字还是多行文字，也不管是尺寸标注还是符号标注，甚至是门窗编号和房间名称，都支持在位编辑。在位编辑的步骤是首先选中一个对象，然后单击这个对象的文字，系统自动显示光标的插入符号，直接输入文字即可。多选文字可采

用鼠标 +<Shift> 键的方式操作，在位编辑的时候可以用鼠标缩放视图，这样可以一边看图一边输入。需要指出的是，目前与中望建筑 CAD 在位编辑配合较好的文字输入法是搜狗输入法，推荐试用。

2. 对象编辑

中望建筑 CAD 的大部分建筑对象支持对象编辑，对于不支持的对象类型，可自动调用特性编辑。对象编辑是单个对象的编辑，通常和创建的界面一样，符合怎么创建就怎么修改的原则，双击单个对象即可启动对象编辑。

3. 特性编辑

特性编辑采用特性表（OPM）的方式，支持对所有的对象进行编辑，不管是单个对象编辑还是多个对象编辑，也不管是中望建筑 CAD 的基本对象编辑还是建筑对象编辑，中望建筑 CAD 均可对其进行编辑。中望建筑 CAD 的标准工具栏上就有启动特性编辑的图标，当然也可用快捷键 <Ctrl+1> 调出。

4. 特性匹配

特性匹配也称为格式刷，图标为 ，位于中望建筑 CAD 的标准工具栏上，它可以在对象之间复制特性。

5. 夹点编辑

夹点编辑是通过夹点激活拉伸、移动、旋转、缩放或镜像操作的一种编辑模式。建筑对象都提供夹点，这些夹点大部分有提示（为提高速度，标注区间很小的尺寸标注对象关闭了夹点提示）。夹点编辑可以简化编辑的步骤，并可以直观地预先看到结果。

1.3.4 视图表现

建筑对象根据视图的观察角度，可确定视图的生成类型。许多对象有两个视图，即用于工程图的二维视图和用于三维模型的三维视图。俯视图（二维观察）下显示其二维视图，其他观察角度（三维观察）显示其三维视图。注释符号类的图纸对象没有三维视图，在三维观察下看不到它们。

如果有特殊需要的话，可以通过【特性表】修改各个对象的视图特征。例如既可以在三维观察下显示该对象的二维视图，也可以在二维观察下显示该对象的三维视图。

1.3.5 格式控制

中望建筑 CAD 用图层来管理不同表达类型的图形对象，以便控制颜色和可见性等特征。中望建筑 CAD 制定了标准中文和标准英文两个图层标准，同时还支持天正图层标准，它们之间可以转换。

线型是图面表达的重要手段，中望建筑 CAD 支持国标线型的使用，在使用国标线型时，线型比例和出图比例相同即可。

另外，图案填充也是图面表达的重要手段，中望建筑 CAD 补充了许多适合国内建筑制图标准的填充图案，并且提供了自己的图案填充命令，替代了原有的填充图案。使用中望建筑 CAD 提供的填充图案，填充比例与出图比例相同即可。

1.3.6 图纸交流

建筑设计是一个集体项目，不仅是设计团队内部成员之间需要交流图纸，设计单位和建设单位之间也需要交流图纸。但是，不同的成员使用的软件工具不尽相同，同一个使用者以前和现在使用的软件也会有变化，作为一个建筑设计软件，中望建筑 CAD 既考虑了不同来源图档的导入问题，也考虑了图档接收方可能遇到的各种情况，中望建筑 CAD 都能导出合适格式的图档文件。

1.3.7 全局设置

开始使用中望建筑 CAD 的时候，可以对操作方式和图形的全局设置（初始设置）进行设定。中望建筑 CAD 的全局设置包含【使用方式】和【加粗填充】两个标签，如图 1-27 所示。其中，【使用方式】带图标 的设置项目以及【加粗填充】的全部设置都是针对当前图。

对于那些显而易见的设置在此不再赘述，下面只介绍需要注意的一些设置。

1. 本图设置

1)【出图比例】是指当前比例，用于新建对象。一个图纸中可以包含多种比例，新建的建筑对象使用当前比例。如果要改变已有对象的出图比例，可参见任务 14.1。

2)【当前层高】用作墙和柱的默认高度，一个图形中可以包含多个标准层，因此这个设置并非一成不变，可根据当前绘制图形所在的楼层灵活设置。

图 1-27　全局设置界面

3)【分弧精度】是指弧弦距,用于三维模型,如图 1-28 所示。圆弧构建最终需要转化为折线表示,由分弧精度控制转化的精度。分弧精度一般根据模型的特征进行设置,表现细部设计时应当取小一些(如室内设计可以取 0.1～1),表示大场景时可以取大一些。用于建筑设计时默认的数值已经比较合适,但也可以在 1～10 的范围内调整。

图 1-28　分弧精度

2. 线型

对于新建图纸,采用国标线型比较好,易于控制线型比例。线型比例自动化,实际上是中望建筑 CAD 的系统变量指令【PSLTSCALE】,即启用图纸空间线型比例。启用这个设置时,中望建筑 CAD 根据图纸空间和模型空间的切换,自动设置相应的线型比例。采用国标线型时,模型空间的线型比例应当为当前出图比例,图纸的空间线型比例应当为 1;采用中望建筑 CAD 的线型时,线型比例一般应当乘以 5～10 倍。如果关闭线型比例自动化,即只用模型空间线型比例,系统将不会去修改线型比例。

3. 加粗填充

加粗填充专门解决工程图中与墙柱材料有关的工程图面效果设置问题,可根据不同的墙柱材料设置相应的线宽和填充图案,如图 1-29 所示。默认比例大于 1 ∶ 100 的时候为详图模式（如 1 ∶ 50），可以用【详图比例】（XTBL）重新设置这个比例值；【加粗填充】模式下可以用墙柱的右键菜单快速开启或关闭，也可以直接在状态栏上开关。

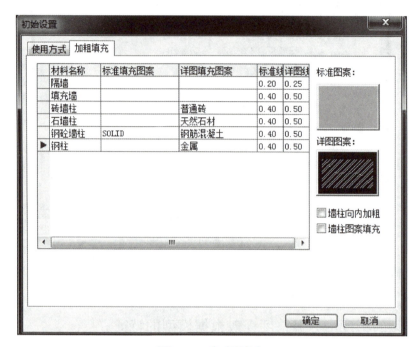

图 1-29　加粗填充

项目 2　创建与绘制轴网

本项目内容包括

- 认识轴网对象
- 创建轴网
- 标注轴网
- 编辑轴网
- 编辑轴号

● 任务目标

通过对本项目的学习，掌握以下技能与方法：
1. 学会使用中望 CAD 建筑版软件创建轴网。
2. 能够熟练掌握轴网的标注。
3. 能够熟练进行轴网的编号与编辑。

● 任务内容

建筑设计的布局通常从轴网开始，中望建筑 CAD 提供了完善的轴网系统，能够用多种方法创建轴网，使复杂轴网的组建更加灵活、方便；在轴网的标注和编辑方面也更加高度智能化，轴网系统的布局和标注符合国家现行标准要求。学习完本项目，要求能正确使用中望 CAD 建筑版软件创建轴网。

● 实施条件

1. 台式计算机或笔记本电脑。
2. 中望 CAD 建筑版软件。

任务 2.1　认识轴网对象

轴网是由多组轴线组成的平面网格,是建筑物布局和建筑构件定位的依据。完整的轴网由轴线、轴号和尺寸标注三个相对独立的系统构成。本任务介绍轴线系统和轴号系统,尺寸标注有单独的任务介绍。

1. 轴线系统

轴线对象是指位于轴线图层上的直线(LINE)、圆弧(ARC)、圆(CIRCLE)这些基本的图形对象。

2. 轴号系统

中望建筑 CAD 采用专门定义的建筑轴号对象对轴网进行标注,这样就可以实现轴号的自动编排推算。

3. 尺寸标注系统

轴网的尺寸标注(第一道尺寸线和第二道尺寸线)采用中望建筑 CAD 的尺寸标注对象,由轴网标注命令自动生成,有关尺寸标注请参见项目 10。

4. 设计轴网的三个步骤

1)创建轴网,即绘制构成轴网的轴线。
2)对轴网进行标注,即生成轴号和尺寸标注。
3)根据设计变更编辑和修改轴网。

任务 2.2　创建轴网

轴网创建一般可采用以下方法:
1)使用【绘制轴网】工具生成标准轴网。
2)根据已绘制的墙体,使用【墙生轴网】工具生成标准轴网。
3)在轴线图层上使用【直线】【圆弧】【圆】等命令灵活绘制轴网。

2.2.1　直线轴网

屏幕菜单命令:【轴网柱子】→【绘制轴网】→【直线轴网】

本命令可创建直线正交轴网或非正交轴网的单向轴线,完成命令后弹出如图 2-1 所示的对话框。采用本命令可同时完成开间和进深尺寸的数据设置,系统生成直线正交轴网。

1. 输入轴网数据的方法

1）直接在【键入】栏内键入，每个数据之间用空格或英文逗号隔开，按 <Enter> 键生效。

2）在【个数】和【尺寸】栏中键入，或从下方数据栏中获取，单击【添加】生效。

2. 对话框选项和操作解释

1）【上开】是指在轴网上方进行轴网标注的房间开间尺寸。

2）【下开】是指在轴网下方进行轴网标注的房间开间尺寸。

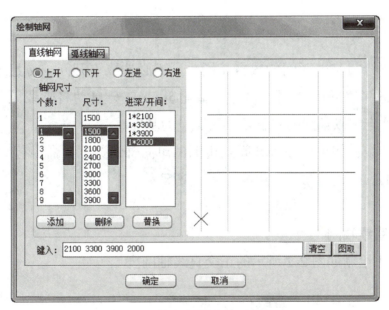

图2-1 【直线轴网】对话框

3）【左进】是指在轴网左侧进行轴网标注的房间进深尺寸。

4）【右进】是指在轴网右侧进行轴网标注的房间进深尺寸。

5）【个数】是指【尺寸】栏中数据的重复次数，在数值栏下方单击【添加】或双击数值栏中数值获得，也可在【键入】栏中输入。

6）【尺寸】是指某个开间或进深的尺寸数据，在数值栏下方单击【添加】或双击数值栏中数值获取，也可在【键入】栏中输入。

7）【进深/开间】显示已经生效的进深和开间的尺寸数据。

8）【删除】是指选中【进深/开间】中某尺寸进行删除。

9)【替换】是指选中【进深/开间】中的某尺寸后用【个数】和【尺寸】中的新数据替换。

10)【键入】是指键入一组尺寸,用空格或英文逗号隔开,按<Enter>键输入【进深/开间】中。若输入"2*3300",表示添加间距3300mm的轴线2根。

3. 命令交互

完成所有尺寸数据录入后,单击【确定】按钮,命令行显示:

点取位置或【转90度(A)/左右翻(S)/上下翻(D)/对齐(F)/旋转(R)/基点(T)】<退出>:

(此时,可移动到基点直接选取轴网目标位置,或按选项提示回应其他选项)

> **注意:**
>
> 如果下开间与上开间的数据相同,则不必选取下开间(或上开间)的按钮,左右进深也同此处理,此时中望建筑CAD会自动将轴线延伸至两端。输入的尺寸定位以轴网的左下角轴线交点为基准。
>
> 单向轴线:如果仅输入开间或进深的单向轴线数据,命令行会提示给出单向轴线的长度,请在图中用鼠标测量或键入。

4. 绘制直线轴网

【例2-1】绘制如图2-2所示的正交直线轴网。

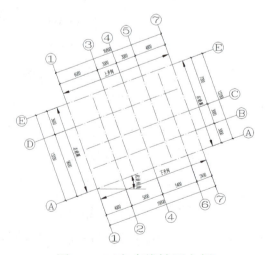

图2-2 正交直线轴网实例

【解】 1）选择【轴网柱子】→【绘制轴网】启动绘制轴网对话框，单击【直线轴网】选项卡，分别在【上开】【键入】栏里键入"6000 2*3000 4800"，在【下开】【键入】栏里键入"4000 5000 5400 2400"，如图2-3所示。

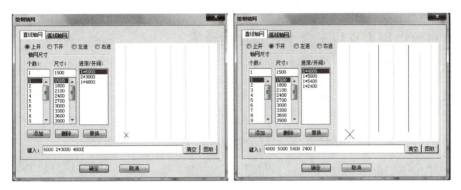

图2-3　上下开间参数设置

2）分别在【绘制轴网】对话框的【左进】【键入】栏里键入"9600 3600"，在【右进】【键入】栏里键入"2*3000 7200"，如图2-4所示。

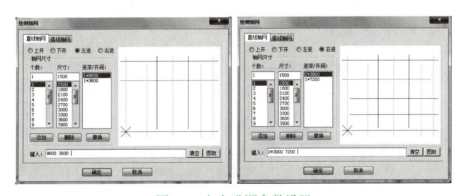

图2-4　左右进深参数设置

3）单击【确定】按钮，选择【旋转（R）】选项，输入旋转角"20"，在目标位置单击即可完成直线轴网的创建。

绘制完成轴网并标注轴号后，轴网的样式和开间、进深的尺寸如图2-2所示。

【例2-2】绘制如图2-5所示斜交直线轴网。

【解】使用【直线轴网】命令分别生成开间和进深两个方向的轴线，然后将两组单向轴线分别旋转后组合生成斜交轴网，结果如图2-5所示。

1）首先只输入开间数据，进深为空，确定后的命令行提示为：

单向轴线长度<8100>：

然后输入开间轴线的长度，或在图中取两点间距。

2）确定开间轴线的位置和转角。

3）用同样的方法创建进深轴线。

当然也可以用【直线】命令直接在轴线图层上创建图 2-5 所示的斜交轴网。

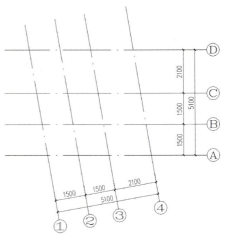

图 2-5 斜交直线轴网

2.2.2 弧线轴网

屏幕菜单命令：【轴网柱子】→【绘制轴网】

选择【绘制轴网】对话框上的【弧线轴网】选项卡，可见弧线轴网由一组同心圆弧线和过圆心的辐射线组成，如图 2-6 所示。

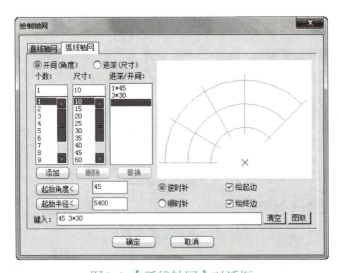

图 2-6 【弧线轴网】对话框

1. 对话框选项和操作解释

1）【开间（角度）】是指由旋转方向决定的房间开间划分序列，用角度表示，以度为单位。

2）【进深（尺寸）】是指半径方向上由内到外的房间划分尺寸。

3）【起始半径】是指最内侧环向轴线的半径，最小值为零。可直接在图中选取半径长度。

4）【起始角度】是指起始边与 X 轴正方向的夹角。可直接在图中选取弧线轴网的起始方向。

5)【绘起边/绘终边】用于确定两端辐射线是否绘制,当弧线轴网与直线轴网相连时,端部辐射线不要画,以免产生重合轴线。

> **注意:**
> 开间的总和为360°时,将生成弧线轴网的特例——圆形轴网。

2. 绘制弧线轴网

【例2-3】绘制如图2-7所示弧线轴网。

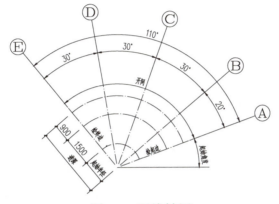

图2-7 弧线轴网

【解】 1)选择【轴网柱子】→【绘制轴网】启动绘制轴网对话框,单击【弧线轴网】选项卡,分别在【开间(角度)】【键入】栏里键入"20 3*30",在【进深(尺寸)】【键入】栏里键入"1500 900",如图2-8所示。

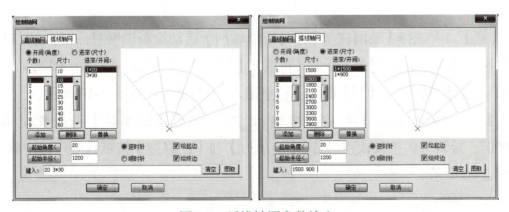

图2-8 弧线轴网参数输入

2）在【起始角度】参数栏里输入"20"，在【起始半径】参数栏里输入"1200"；旋转方向按默认的逆时针，【绘起边】和【绘终边】按默认处于选中状态，如图2-8所示。

3）单击【确定】按钮，在目标位置单击即可完成弧线轴网的创建，如图2-7所示。

【例2-4】绘制如图2-9所示圆形轴网。

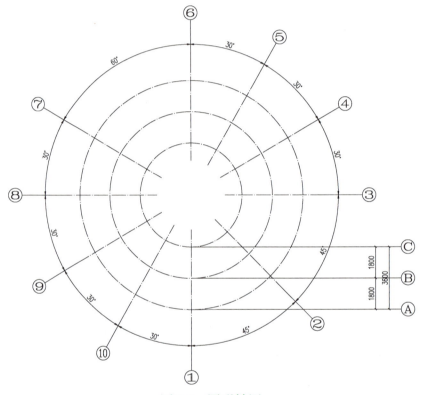

图2-9　圆形轴网

【解】　1）选择【轴网柱子】→【绘制轴网】启动绘制轴网对话框，单击【弧线轴网】选项卡，分别在【开间（角度）】【键入】栏里键入"3*30　60　30　3*30　2*45"，在【进深（尺寸）】【键入】栏里键入"2*1800"，如图2-10所示。

2）在【起始角度】参数栏里输入"0"，在【起始半径】参数栏里输入"3000"，旋转方向按默认逆时针，【绘起边】和【绘终边】按默认处于选中状态，如图2-10所示。

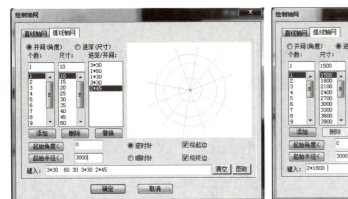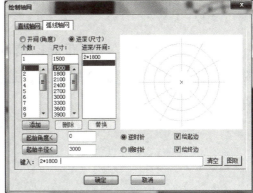

图 2-10　圆形轴网参数输入

3）单击【确定】按钮，在目标位置单击即可完成圆形轴网的创建，如图 2-9 所示。

2.2.3　墙生轴网

屏幕菜单命令：【轴网柱子】→【墙生轴网】

此功能主要为建筑方案设计服务，用户在设计初期的方案设计阶段先按功能需求进行布局，用墙体分割完成平面方案后，再生成轴网。

首先用创建墙体命令构思各个房间的平面格局，可以用夹点拖拽命令、其他墙体编辑命令或者中望建筑 CAD 的编辑命令反复推敲墙体的位置，待方案确定后再用本命令自动生成轴网。这个流程很像先布置轴网后画墙体的逆向过程，采用什么方式进行设计完全由用户自己决定。命令完成后，在墙体基线位置上自动生成没有标注轴号和尺寸的轴网，如图 2-11 所示。

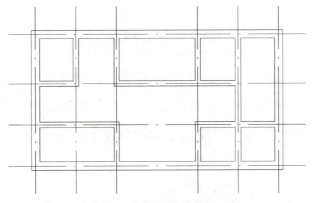

图 2-11　墙体生成的轴网

2.2.4 组合轴网

建筑设计实践中,轴网布局的情况千变万化,中望建筑CAD提倡采用灵活的方法获取特殊的和复杂的轴网,这里介绍直线轴网与弧线轴网的组合连接,如图2-12所示。

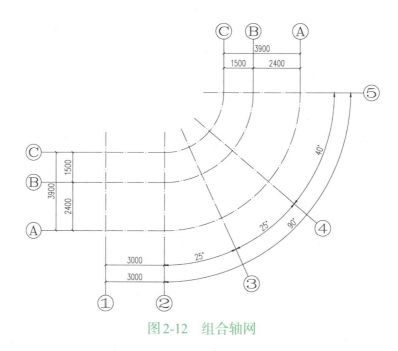

图2-12 组合轴网

直线轴网和弧线轴网的绘制在前面已经叙述,二者的组合轴网需要注意结合处的共用轴线处理,如果有了重叠轴线,标注时会给系统的判断带来困难甚至发生程序错误,直接的后果是轴网标注即使采用了【共用轴号】命令也会有重叠轴号的现象,导致后面的轴号编排错误以及后期的编辑困难。

任务 2.3　标注轴网

轴网的标注有整体标注和轴号标注两项,中望建筑CAD会一次性智能完成,但二者属于两个不同的自定义对象,在图中是分开独立存在的,而编辑时又是互相关联的。整体标注一般使用【轴网标注】命令完成。

2.3.1 整体标注

屏幕菜单命令:【轴网柱子】→【轴网标注】

本命令对起止轴线之间的一组平行轴线进行标注,能够自动完成矩形轴网、弧形轴网、圆形轴网以及单向轴网和复合轴网的轴号和尺寸的标注。

1. 操作步骤

1）选择【轴网柱子】→【轴网标注】对话框（图2-13），列出参数和选项。

图2-13 【轴网标注】对话框

2）用鼠标选择起始轴线。

3）用鼠标选择终止轴线。

2. 对话框选项和操作解释

1）【单侧标注】是指只在轴网选取的那一侧标注轴号和尺寸，另一侧不标。

2）【双侧标注】是指轴网的两侧都标注。

3）【共用轴号】是指勾选此复选框后，起始轴号由所选择的已有轴号的后续数字或字母决定。

4）【起始轴号】的系统默认一般为"1"或者"A"，若不使用默认值，可以在此输入自定义起始轴号。

图2-12就是整体标注，相关说明如图2-14所示。

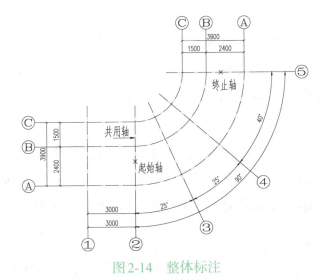

图2-14 整体标注

2.3.2 轴号标注

屏幕菜单命令：【轴网柱子】→【轴号标注】(ZHBZ)

本命令只对单个轴线标注轴号，标注的轴号独立存在，不与已经存在的轴号系统和尺寸系统发生关联，因此不适用于一般的平面图轴网，常用于立面图与剖面图、房间详图中单独的轴线标注。

任务 2.4　编辑轴网

轴网标注完成后，在设计过程的反复调整中经常要增加和删除轴线，并更新相应的轴号和尺寸标注，这就涉及轴网的编辑。

2.4.1　添加轴线

屏幕菜单命令：【轴网柱子】→【添加轴线】（TJZX）

本命令一般在轴网标注完成后执行，以某一根已经存在的轴线为参考，根据鼠标拖动的方向和键入的偏移距离创建一根新轴线，同时标注新轴号融入已存在的参考轴号系统中。本命令对直线轴网和弧线轴网均有效。本命令操作步骤：

1）执行命令后，命令行提示：

选择参考轴线<退出>：

此时选择参考轴线。

2）命令行提示：

新增轴线是否作为附加轴线？【是（Y）/否（N）】<N>

回应"Y"，添加的轴线作为紧前轴线的附加轴线，标出附加轴号；回应"N"，添加的轴线作为一根主轴线插入指定的位置，标出主轴号，其后的轴号自动更新。

3）对于直线轴网和弧线轴网，接下来的操作提示略有不同：直线轴网提示"偏移距离"，弧线轴网提示"输入角度"。此时，拖动预览的新轴线确定偏移方向，同时键入偏移距离或角度数值，按<Enter>键完成添加轴线。

> **注意：**
> 　　参考轴线可任选，只要新插入的轴线位置明确就可以，但选择相邻轴线做参考更容易控制。
> 　　添加的轴线是否自动标注轴号要依据参考轴线是否已经有轴号来判断。
> 　　拖动新轴线决定添加的方向。

2.4.2 删除轴线

中望建筑 CAD 没有提供一次到位的删除轴线的命令,用户可按下述步骤完成轴线删除:

1)删除轴线对象。

2)删除轴号对象(参见任务 2.5)。

3)删除第二道尺寸线的标注点,或用【夹点合并】命令。

2.4.3 轴改线型

右键菜单命令:〈选中轴线〉→【轴改线型】(ZGXX)

本命令可在点画线和连续线两种线型之间切换。建筑制图标准要求轴线必须使用点画线,然而很多构件在定位的时候需要捕捉轴线交点,但点画线的交点不好进行对象捕捉。因此,通常在绘图过程中使用连续线,在输出的时候才切换为点画线。

2.4.4 智剪轴网

右键菜单命令:〈选中轴线〉→【智剪轴网】(ZJZW)

本命令根据轴线上的外墙和内墙关系,辅助用户智能修剪多余的轴线,使图面整洁干净,如图 2-15 所示。执行本命令操作要点:

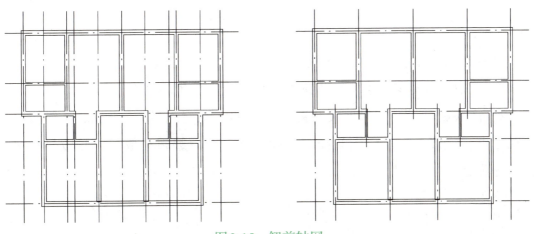

图 2-15 智剪轴网

1)根据外墙来判断是否是建筑的轮廓,所以要求必须设置外墙,建议绘图时的墙体类型选"外墙",或者后期用【识别内外】/【搜索房间】命令分出内外。

2）轴线上无墙，不修剪。

3）轴线上有墙，如墙的一端交于外墙且未穿越内墙时，该端不修剪，否则应修剪；另一端按同规则判别。

4）轴线要修剪外延长度（默认自墙基端点算起 400mm）。

任务 2.5　编辑轴号

轴号对象是一个专门为建筑轴网定义的标注符号，一个轴号对象通常就是轴网的开间或进深方向上的一排轴号（可以包括双侧），因此可以实现智能排号。当然，也可以是每一个轴号就是一个图形对象，例如详图和立面图、剖面图的轴号。

图2-16　右键菜单（部分）

轴号常用的编辑是夹点编辑和在位编辑，专用的编辑命令都在右键菜单，如图 2-16 所示。

> **注意：**
> 如果要更改轴号的字体，请用【特性表】指定轴号对象新的文字样式，或修改现有文字样式（_AXIS）所采用的字体。

2.5.1　修改编号

通用的修改编号方法推荐使用在位编辑，操作步骤是：

1）选中轴号对象，然后单击圆圈，即进入在位编辑状态。

2）输入新轴号，如果要关联修改后续的一系列编号，按 <Enter> 键可令后续轴号重排，按 <Esc> 键则只修改当前编号。在位编辑集成了单轴改号和多轴排号的功能。

2.5.2　主附变换

右键菜单命令：〈选中轴号〉→【主附变换】（ZFBH）

本命令将已有的轴号在主轴号和附轴号之间变换，并可选择是否重排。执行命令后框选被变换的轴号，既可支持多个连续的轴号一次变换，也支持连续操作。图 2-17～图 2-19 给出了原轴号③被变换成附轴号后前后的不同形式。

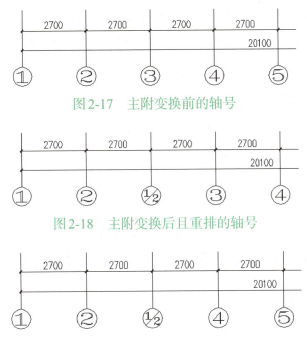

图 2-17　主附变换前的轴号

图 2-18　主附变换后且重排的轴号

图 2-19　主附变换后不重排的轴号

2.5.3　夹点编辑

中望建筑 CAD 给轴号系统提供了一些专用夹点，用户可以用光标拖拽这些夹点编辑轴号，每个夹点的用途均有提示，如图 2-20 所示。轴号拥挤的时候，只能使用夹点编辑来消除拥挤的图面，例如使用【轴号外偏】命令。如果仍然拥挤，可以单轴引出。

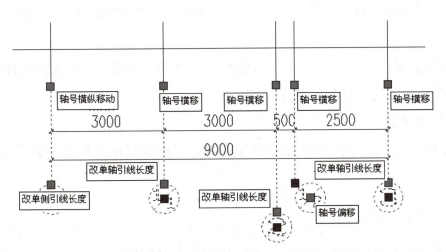

图 2-20　轴号系统的夹点编辑

2.5.4 添补轴号

右键菜单命令:〈选中轴号〉→【添补轴号】(TBZH)

本命令在已有轴号系统中添加一个新轴号,操作步骤如下:

1)选择参考轴号。

2)输入新轴号位置。

3)指出新轴号是否双侧显示。

4)指出新轴号是否为附加轴号。

2.5.5 删除轴号

右键菜单命令:〈选中轴号〉→【删除轴号】(SCZH)

本命令可删除轴号系统中的某个轴号,其后面相关联的所有轴号均自动更新。

2.5.6 轴号隐显与变标注侧

右键菜单命令:〈选中轴号〉→【轴号隐显】(ZHYX)

右键菜单命令:〈选中轴号〉→【变标注侧】(BBZC)

1. 轴号隐显

【轴号隐显】命令控制轴号的显示状态,在隐藏和显示之间切换,即含有两个命令:【轴号隐藏】和【轴号显示】。

使用【轴号隐藏】命令框选轴号使其隐藏起来,选中后轴号变成浅灰色,命令结束后灰色轴号就隐藏掉了。如果是双侧轴号,按住 <Shift> 键同时双侧同时隐藏。

【轴号显示】命令相当于【轴号隐藏】命令的反操作,将隐藏掉的轴号显示出来,操作方法与【轴号隐藏】相同。

2. 变标注侧

【变标注侧】命令控制整体轴号在本侧、对侧和双侧三种显示状态之间进行切换。

2.5.7 倒排轴号

右键菜单命令:〈选中轴号〉→【倒排轴号】(DPZH)

本命令将一排轴号反向编号，对建筑单元进行镜像（MIRROR）后，轴号也跟着镜像了，然而轴号的编号规则是不可镜像的，因此需要对轴号进行倒排，恢复正常的编号规则，如图 2-21 所示。

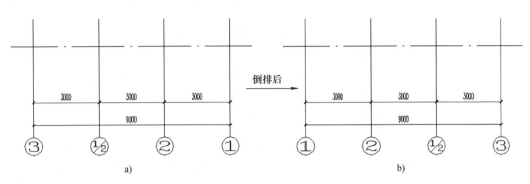

图 2-21　倒排轴号

a）镜像后的轴号　b）倒排后的轴号

项目 3　创建与绘制柱子

本项目内容包括

- 认识柱子对象
- 创建柱子
- 编辑柱子

● 任务目标

通过对本项目的学习，掌握以下技能与方法：
1. 学会使用中望 CAD 建筑版软件创建柱子。
2. 能够熟练掌握标准柱、角柱的创建。
3. 能够熟练进行柱子转换、替换、批量修改的各种编辑。

● 任务内容

中望 CAD 建筑版软件可以创建多种类型的标准柱和构造柱，甚至可以用封闭的多段线（PLINE）绘制边界生成异形柱。柱子的编辑既可以单个进行，也可以批量修改和替换。学习完本项目，要求能正确使用中望 CAD 建筑版软件创建柱子。

● 实施条件

1. 台式计算机或笔记本电脑。
2. 中望 CAD 建筑版软件。

任务 3.1　认识柱子对象

柱子在建筑物中主要起承载作用。中望建筑 CAD 用专门定义的柱子对象来表示柱子，用底标高、柱高和柱截面参数描述其在三维空间的位置和形状。除截面形状外，与柱子的二维表示密切相关的是柱子的材料，材料和出图比例决定了柱子的填充方式。出图比例和填充图案请参考 1.3.7 节相关内容。

通常，柱子与墙体密切相关，墙体与柱相交时，墙被柱打断；如果柱与墙体同材料，则墙体被打断的同时与柱连成一体。

柱子的常规截面形式有矩形、圆形、多边形等，如图 3-1 所示。

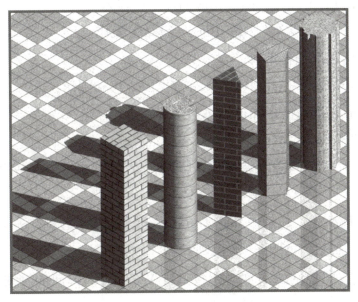

图 3-1　常见柱子的截面类型

任务 3.2　创建柱子

3.2.1　标准柱

标准柱是具有均匀截面形状的竖直构件，其三维空间的位置和形状主要由底标高、柱高和柱截面参数来决定。标准柱的截面形式多为矩形、圆形或正多边形。通常柱子的创建以轴网为参照。【标准柱】对话框如图 3-2 所示。

图 3-2 【标准柱】对话框

屏幕菜单命令：【轴网柱子】→【标准柱】（BZZ）

1. 操作步骤

1）设置柱的参数，包括截面类型、截面尺寸和材料等。

2）单击图 3-2 对话框的左侧图标，选择柱子的定位方式（插入方式）。

3）根据不同的定位方式回应相应的命令行输入。

4）重复 1）～3）步骤或按 <Enter> 键结束操作。

2. 对话框选项和操作解释

1）确定插入柱子的【形状】，既有常见的矩形和圆形，还有正三角形、正五边形、正六边形、正八边形和正十二边形等。

2）确定柱子的尺寸：

① 矩形柱子：【横向】代表 X 轴方向的尺寸，【纵向】代表 Y 轴方向的尺寸。

② 圆形柱子：应给出【直径】数据。

③ 正多边形柱子：应给出外圆【直径】和【边长】数据。

3）确定【基准方向】的参考原则：

① 自动：按照轴网的 X 轴（即接近"WCS-X"方向的轴线）为横向基准方向。

② "UCS-X"：用户自定义的坐标 UCS 的 X 轴为横向基准方向。

4）给出柱子的偏移量：

①【横偏】和【纵偏】分别代表在 X 轴方向和 X 轴垂直方向的偏移量。

②【转角】在矩形轴网中以 X 轴为基准线；在弧形、圆形轴网中以环向弧线为基准线，以逆时针为正，顺时针为负。

5）柱子的【材料】有砖、石材、钢筋混凝土和金属。

6）图 3-2 对话框的左侧图标表达的插入方式（从上往下）：

①【交点插柱】：捕捉轴线交点插柱，如未捕捉到轴线交点，则在选取的位

置插柱。

②【轴线插柱】：在选定的轴线与其他轴线的交点处插柱。

③【区域插柱】：在指定的矩形区域内的所有的轴线交点处插柱。

④【替换柱子】：在选定柱子的位置插入新柱子，并删除原来的柱子。

7）矩形柱对齐点的自动偏移操作。在图 3-2 对话框的预览图片上单击矩形柱的九个点，则插入的对齐点将自动偏移到对应的交点上（注意此操作仅对矩形柱有效），如图 3-3 所示。

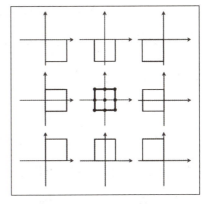

图 3-3 矩形柱对齐点自动对齐示意

3.2.2 角柱

屏幕菜单命令：【轴网柱子】→【角柱】（JZ）

点取图样中的墙角后，弹出如图 3-4 所示对话框。

角柱是指位于建筑角部、与柱的正交的两个方向各只有一根框架梁与之相连接的框架柱。角柱常见的平面形式有"L"形、"T"形和"十"形。一般在墙体相交处插入与墙一致的角柱，角柱各肢的长度参数可调整，宽度默认为墙宽，高度默认为当前层高。

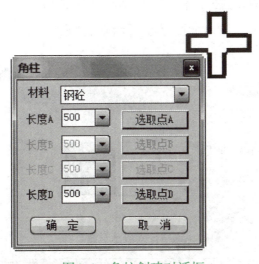

图 3-4 角柱创建对话框

【角柱】对话框选项和操作解释：

1)【材料】用于确定角柱所使用的材质，有砖、石材、钢筋混凝土和金属。

2)【长度A】【长度B】【长度C】【长度D】：角柱各肢在图中墙体上代表的位置与图中颜色一一对应，注意此值为墙体基线的长度，可直接键入或在图中选取控制点来确定这些长度值。

3.2.3 等肢角柱

屏幕菜单命令：【轴网柱子】→【等肢角柱】（DZJZ）

本命令根据选定的墙段在其汇交的墙角处创建与墙等厚的等肢角柱，支持框选批量生成。本命令操作步骤：

1)选取彼此汇交的墙段，或框选墙角处，以便在墙角处生成角柱。

2)命令行提示：

等肢距离：<500>

> **注意：**
> 等肢距离从墙体基线算起。

3.2.4 构造柱

屏幕菜单命令：【轴网柱子】→【构造柱】（GZZ）

点取图样中墙角后，弹出如图3-5所示对话框。

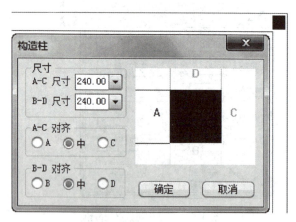

图3-5 【构造柱】对话框

本命令在墙角交点处或墙体内插入构造柱。以所选择的墙角形状和墙体宽度为基准，默认柱边界充满墙角或墙宽，可输入具体尺寸并指出对齐方向，然后在墙角处或墙体内插入构造柱。

构造柱有两个特点：由于完全被墙包围，因此它没必要具备三维视图；在二维表达中构造柱不打断墙体。

【构造柱】对话框选项和操作解释：

1)【A-C 尺寸】是指沿着"A-C"方向的构造柱尺寸，最大不能超过墙厚。

2)【B-D 尺寸】是指沿着"B-D"方向的构造柱尺寸，最大不能超过墙厚。

3)【A-C 对齐】是指柱子"A-C"方向的两个边分别对齐到【A】(左)、【中】(中心)、【C】(右)。

4)【B-D 对齐】是指柱子"B-D"方向的两个边分别对齐到【B】(下)、【中】(中心)、【D】(上)。

设定参数时，图 3-5 中对话框右面的图形实时反映构造柱与墙体的真实关系，设定好参数后，单击【确定】按钮把构造柱插入图形墙体中。构造柱的填充模式服从普通柱子的设置。图 3-6 为角柱、构造柱实例。

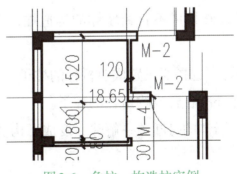

图 3-6 角柱、构造柱实例

> **注意：**
> 标准柱支持格式刷编辑。
> 构造柱的定义专门用于施工图设计，无三维显示。
> 构造柱属于非标准柱，不打断墙体，不能使用对象编辑功能。

3.2.5 异形柱

屏幕菜单命令：【轴网柱子】→【异形柱】（YXZ）

当柱子的截面形状不是规则的平面图形时，可以用多段线绘制柱子的截面形状，然后采用本命令将其转为柱对象，支持同时转换单个或一组多段线。本命令操作步骤：

1）单选、多选或框选闭合的多段线。

2）确定生成的异形柱材质，"0" = 砖，"1" = 石材，"2" = 钢砼（钢筋混凝土），"3" = 金属。

3）柱子的底标高为当前标高，柱子的默认高度取当前层高。

任务 3.3　编辑柱子

3.3.1 转构造柱

屏幕菜单命令：【轴网柱子】→【转构造柱】（ZGZZ）

本命令用于将普通柱转换成不打断墙体的构造柱，可简化墙柱关系。本命令操作步骤：

1）命令执行后提示："选择要设置成热桥柱的柱子 < 退出 >"。

2）选取除构造柱之外准备转成构造柱的柱子。

3）转换后的柱子与墙体的打断关系解除，变成了构造柱。

3.3.2 柱子齐墙

屏幕菜单命令：【轴网柱子】→【柱子齐墙】（ZZQQ）

本命令将单个柱子或同轴一组柱子的某个边与指定墙边对齐，比中望CAD的移动命令更方便和准确，尤其对于弧墙而言。本命令操作步骤：

1）选取要对齐的柱子。

2）选取要对齐的墙边。

3）柱子的一个边对齐到选取的墙边。

通过图 3-7、图 3-8 所示的中间那排柱子（从左往右第 3 排）与弧墙对齐的前后对比，可以更好地理解本命令的作用。

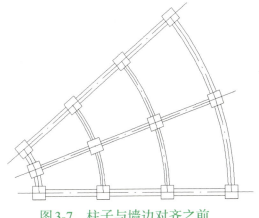

图 3-7　柱子与墙边对齐之前

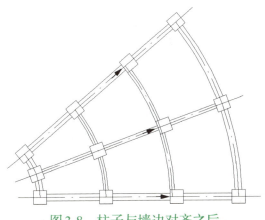

图 3-8　柱子与墙边对齐之后

3.3.3　替换柱子

本操作是针对成批的标准柱子进行替换，构造柱和异形柱无此操作。替换功能在创建标准柱的对话框中实现，首先设定好新柱子的规格、材质和形状，单击图 3-2 中左侧的【替换柱子】按钮，然后在图中框选需要替换的原有柱子进行替换。

3.3.4　批量改高度

右键菜单命令：〈选中柱子〉→【改高度】(GGD)

本命令可以选中多个柱子，一起修改高度。对于单个标准柱的改高度，只需双击需要修改的柱子，在打开的【标准柱】对话框中进行编辑即可。当然，也可以使用【特性编辑】命令来修改多个柱子的高度。

通常，在平面图中执行本命令，对整图中的全部柱子、墙体和墙体造型的高度与底标高，以及窗的竖向位置会一同修改。

【例】绘制如图 3-9 所示平面图右半部分的各种柱子。

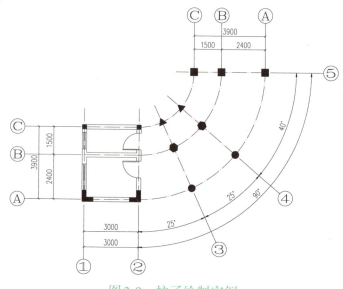

图 3-9 柱子绘制实例

【解】 操作步骤如下：

1）打开图 2-14 所示图形。

2）选择【轴网柱子】→【标准柱】菜单，打开【标准柱】对话框，设置形状为矩形，纵、横向尺寸均为 400mm，其他默认，按图示位置插入三个矩形柱。

3）接着修改形状为三角形，设置横向尺寸为 500mm，纵向尺寸为 433mm，其他默认，按图示位置插入两个三角形柱。

4）同样步骤，设直径为 500mm，边长为 250mm，按图示位置插入两个正六边形柱；设直径为 400mm，其他默认，插入两个圆柱。

5）图 3-9 中左侧的角柱和构造柱可在学习了项目 4 的知识后接着完成。

项目4 创建墙体、梁和楼板

本项目内容包括

- 认识墙体对象
- 创建墙体
- 编辑墙体
- 使用三维工具
- 使用其他工具
- 创建梁和楼板

● 任务目标

通过对本项目的学习，掌握以下技能与方法：

1. 了解墙体对象类型，并学会使用中望CAD建筑版软件创建墙体。
2. 能够熟练掌握墙体的编辑命令。
3. 能够熟练进行梁和楼板的创建。

● 任务内容

创建墙体是学习中望CAD建筑版软件的一个重要环节，很多建筑对象是以墙体为参照或者载体创建的。中望CAD建筑版软件提供了多种类型与不同材质的墙体，并实现了墙体与墙体之间、墙体与其他对象之间的智能关联。除了墙体，中望建筑CAD还提供了梁板对象的创建功能，使其与墙体一起构成建筑物的主要围护结构。学习完本项目，要求能正确使用中望CAD建筑版软件创建墙体、梁和楼板。

● 实施条件

1. 台式计算机或笔记本电脑。
2. 中望CAD建筑版软件。

任务 4.1　认识墙体对象

墙体是组成建筑物的核心构件之一，中望建筑 CAD 用专门定义的墙体对象来表示墙体，可以实现墙角的自动修剪等许多智能特性。墙体之间不仅互相连接，而且还同柱和门窗互相关联，并且是建筑各个功能区域的划分依据，因此理解墙体对象的特征非常重要。墙体对象不仅包含定位点、高度、厚度这样的几何图形信息，还包括墙体的类型、材料、内外朝向这样的物理信息。

一个墙体对象，就是一个标准的墙段单元，它是柱或墙角之间没有分叉并且具有相同特性的直段墙或弧段墙。可以把墙角视为节点，把墙体对象视为杆件，那么建筑平面就是由互相连接的杆件构成的，杆件围合成的区域就是房间。如果节点处有柱子，杆件可以通过柱子互相连接。理解了上述知识，就能用墙体对象构建出符合建筑制图规范的工程图样。

4.1.1　墙体基线

墙体基线既是墙体的代表"线"，也是墙体的定位线。墙体基线通常位于墙体内部，但如果有特殊需要，也可以在墙体外部（此时左宽和右宽有一个为负值），墙体的两条边线就是依据基线按左右宽度确定的。墙体基线是一个概念，图纸上并无表现的线条，一般情况下墙体基线应与轴线重合（不用轴线定位的墙体除外），因此墙体基线同时也是墙内门窗测量的基准线，例如墙体长度是指该段墙体基线的长度，弧窗宽度是指弧窗在墙体基线位置上的宽度。

墙体的相关判断都是基于基线，比如墙体的连接、相交、延伸和剪裁等，因此互相连接的墙体应当使得它们的基线准确交接。中望建筑 CAD 规定墙体基线不准重合，如果在绘制过程中产生重合墙体，系统将弹出警告，并阻止这种情况的发生；在用中望 CAD 编辑墙体时如产生重合墙体，系统将给出警告，并要求用户排除重合墙体。

制图过程中通常不需要显示基线，选中墙体对象后，表示墙位置的三个夹点就是墙体基线的位置。如果需要显示基线（判断墙是否准确连接时），可以切换到墙体的二维表现方式：单线、双线或单双线格式。

4.1.2 墙体类型

作为建筑物中起承载、围护和分隔作用的墙体，中望建筑 CAD 按用途不同分为以下几类：

1）装饰隔断房间中的隔断，此时不参与搜索房间，但房间面积可进行标注。

2）内墙：建筑物内部的分隔墙。

3）外墙：与室外接触，并作为建筑物的外轮廓。

4）户墙：户与户之间的分隔墙，或户与公共区域的分隔墙。

5）虚墙：用于空间的逻辑分割（居室中餐厅和客厅的分界），以便计算面积。

6）卫生隔断：用于卫生间洁具隔断的墙体或隔板。

7）女儿墙：建筑物屋顶四周的围护矮墙。

其中，内墙、外墙和户墙是真实意义上的墙，在图形表示上并没有什么区别，但它们具有不同的辅助作用，例如保温层一般只加到外墙，这样就可以排除其他的墙体类型。此外，墙体类型还可以为其他专业提供更准确的计算条件，例如进行空调负荷计算就不必考虑内墙。

与内外墙相关的还有墙的表面特性，例如外墙，应当表示出哪个表面朝外，这样加门窗套的时候就可以自动把门窗套放到室外一侧。如

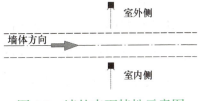

图 4-1 墙的表面特性示意图

图 4-1 所示，选中墙体时，有两个箭头（图中竖向）分别指示两侧表面的朝向特性，箭头指向墙轴线，表示该表面朝室内；箭头背向墙轴线，表示该表面朝室外。

4.1.3 墙体材料

墙体材料一般是指墙体的主材类型，可以控制墙体的二维表现。相同材料的墙体在二维平面图上连成一体，系统默认不同材料的墙体由优先级高的墙体打断优先级低的墙体（优先级由高到低的墙体材料依次为钢筋混凝土墙、石墙、砖墙、填充墙、玻璃幕墙和轻质隔墙），可以形象地理解为优先级越高其强度越高，如图 4-2 所示。其中的玻璃幕墙在三维表现上与其他材料的墙体不一样，见 4.4.1 节。

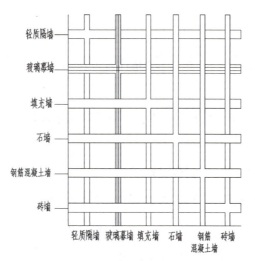

图 4-2 不同材质墙体由优先级确定的打断关系

4.1.4 墙体填充

建筑平面图中某些材料的墙体要求填充图案,中望建筑 CAD 中有墙体的填充开关,填充图案的设置在【全局设置】→【加粗填充】中进行,填充图案则由图案库管理。墙体支持两种填充:普通填充和线性填充。普通填充不再赘述,中望建筑 CAD 对线性填充的填充方式做了特殊处理,将单元图案按线性填入墙内,可沿墙填充图案和绘制夹心墙等墙体。

线性填充的使用有两个关键点,一是绘制一个填充单元并加入图案库(入库),二是图案名称必须按规定命名。下面以夹层保温为例说明入库步骤(单元图案如图 4-3 所示)。

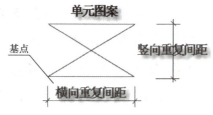

图 4-3 单元图案制作示意

1)示意性绘制单元图案。

2)打开图案管理器新建一个图案,按提示完成单元入库。

3)图案名称有专门规定,如"# 夹层保温 @80_50",其含义为:

① "#":必须用"#"号开头,这是用于线性填充的标识。

② "夹层保温":图案名称,用户可自定义。

③ "@80":有此项时,按此数字作为宽度填入墙中,无此项时则充满填入。

④ "_50":有此项时,以此数据作为偏心距,无此项时则居中。

4)按命令行提示操作,因为图案管理的预览框尺寸为 20mm×20mm,所以为了入库后进行图案预览,单元图案的尺寸还需控制一下。比如,想在预览中看到 4×4 个单元块，当前绘图比例为 1∶100，则横向和纵向重复间距应为 500mm，即 20mm/（500mm/100）=4 个。

线性图案填入墙体中的方法与普通填充一样，也是在【全局设置】→【加粗填充】中设置，如图 4-4 所示，标准填充图案选择"#夹层保温@80"。每种填充只需制作一种图案入库，用户可以通过修改名称来定制夹心材料的宽度或去掉"@80"充满填入。线性图案填充效果如图 4-5 所示。

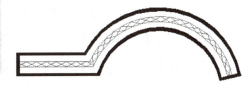

图 4-4　线性图案选择　　　　图 4-5　线性图案填充效果

任务 4.2　创建墙体

墙体可以直接创建（图 4-6）或由单线转换而来，墙体的所有参数都可以在创建后编辑修改。直接创建墙体有四种方式：连续布置、矩形布置、沿轴布置、等分加墙；单线转换墙体有两种方式：轴网生墙和单线变墙。

图 4-6　【创建墙梁】对话框

【创建墙梁】对话框选项和操作解释：

1）对话框左侧图标从上到下分别为【连续布置】【矩形布置】【沿轴布置】【等分加墙】和【图取墙体确定参数】。

2）【总宽】【左宽】【右宽】分别用来指定墙的宽度和基线位置，三者互动，应当先输入总宽，然后输入左宽或右宽。【中】【左】【右】【交换】按钮可以在不改变总宽的前提下快速改变左宽和右宽的分配，【中】=左右宽均分，【左】=总宽数全部给左宽，【右】=总宽数全部给右宽，【交换】=左宽和右宽交换。

3）对于外墙、内墙和户墙，图面表现都一样，如果还不太确定，按内墙或外墙输入即可，可以在平面墙体布置完成后采用其他辅助工具（【搜索房间】和【识别内外】等）来区分。

4）【高度】默认等于当前层高，【底高】默认为"0"。

4.2.1　连续布置

屏幕菜单命令：【墙梁板】→【创建墙梁】(CJQL)→【连续布置】

执行本命令后屏幕出现创建墙梁的非模式对话框（图 4-6），不必关闭该对话框即可连续绘制直墙、弧墙，墙线相交处可自动裁剪，墙体参数可分段随时改变。此方式可连续绘制设定的墙体，当绘制墙体的端点与已绘制的其他墙段相遇时，自动结束连续绘制并自动开始下一个连续绘制过程。

需要指出的是，为了更加准确地定位墙体，系统提供了自动捕捉的功能，即捕捉已有的墙体基线、轴线和柱子中心。如果有特殊需要，用户可以按下 <F3> 键，这样就自动关闭创建墙体的自动捕捉功能。换句话说，中望建筑 CAD 的捕捉和系统捕捉是互斥的，并且采用同一个控制键。

4.2.2　矩形布置

屏幕菜单命令：【墙梁板】→【创建墙梁】(CJQL)→【矩形布置】

本命令通过给出矩形的两个角点，一次布置由 4 段墙围合的矩形空间。如有墙体重叠，可自动避免；如果与其他墙有相交，则自动在交点处裁剪。

4.2.3　沿轴布置

屏幕菜单命令：【墙梁板】→【创建墙梁】(CJQL)→【沿轴布置】

这是一种快速绘墙的方式，在同一条轴线上按顺序取两个任意点，第 1 点至第 2 点为前进方向即墙体正向，并由此确定墙体的左宽和右宽方位。生成的墙体从选取的两点向外延伸，直到碰到轴线交点或墙体为止。

4.2.4　等分加墙

屏幕菜单命令：【墙梁板】→【创建墙梁】(CJQL)→【等分加墙】

本命令用于对已有的大房间按等分的原则划分出更多的小房间。使用本命令可以选择两段已有的墙体作为始、终两端，其间添加等分墙。

打开【创建墙梁】对话框后选择【等分加墙】模式，设置相关参数后单击选择始、终两端边界墙段，系统自动在两墙段之间生成若干段长度相等的墙体。等分加墙如图 4-7 所示。

项目4　创建墙体、梁和楼板

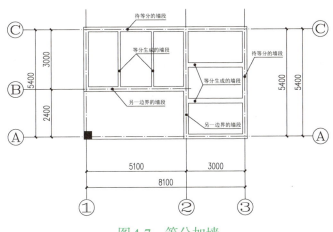

图4-7　等分加墙

4.2.5　单线变墙

屏幕菜单命令：【墙梁板】→【单线变墙】（DXBQ）

本命令有两个功能：一是将用【直线】【圆弧】命令绘制的单线转为建筑墙体对象，并删除选中的单线，生成墙体的基线与对应的单线重合；二是在设计好的轴网上批量生成墙体，然后再根据需要进行取舍。

方案设计阶段，用户可以用单线勾勒建筑草图，待方案确定后再将单线变为墙体。草图用【直线】【圆弧】命令绘制，绘制时若有部分重叠线，可在【单线变墙】命令执行之前采用【工具二】中的【消除重线】命令清理多余线段，以便减少变墙体后的编辑操作。

轴线生墙与单线变墙的操作过程相似，差别在于轴线生墙不删除原来的轴线，而且被单独甩出的轴线不生成墙体。本功能在圆弧轴网中特别有用，因为直接绘制弧墙比较麻烦，批量生成弧墙后再删除无用墙体更方便。单线变墙如图4-8所示。

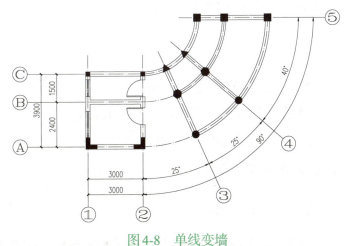

图4-8　单线变墙

4.2.6 偏移建墙

屏幕菜单命令：【墙梁板】→【偏移建墙】（PYJQ）

该命令的使用方法和【创建墙梁】命令的使用方法基本相同，区别在墙体绘制过程。本命令除了可灵活地在【基线定位】【左边定位】【右边定位】三种定位模式之间切换外，还可设置每段墙体对基线的偏移距离。偏移建墙如图 4-9 所示。

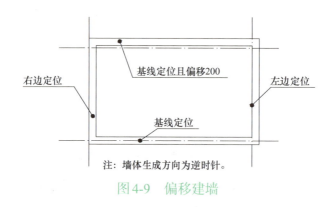

图 4-9　偏移建墙

任务 4.3　编辑墙体

对于单个墙段参数的修改，使用【对象编辑】或【特性编辑】命令即可；对于位置的修改，可使用中望建筑 CAD 通用的夹点编辑和其他编辑命令，如【延伸】【修剪】【打断】【偏移】等。这些通用的编辑工具在这里不再介绍，本任务仅介绍墙体专用编辑工具的使用方法。

4.3.1　墙体分段

屏幕菜单命令：【墙梁板】→【墙体分段】（QTFD）

本命令用于把一段墙拆分为两段或三段，且可为分出的每段墙按【分段墙体设置】对话框中给定的参数，灵活设置每段墙的标高、左宽、右宽、高度、墙体材料和墙体类型等。

4.3.2　墙角编辑

屏幕菜单命令：【墙梁板】→【倒墙角】（DQJ）和【修墙角】（XQJ）

1)【倒墙角】功能与中望建筑 CAD 的【倒角】命令（Fillet）相似，可以使两段相交或互相平行的墙体以某一半径的圆弧墙体连接，如图 4-10 所示。

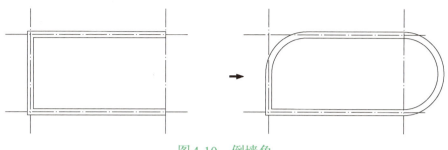

图 4-10 倒墙角

2)【修墙角】命令用于对多余的墙线进行修剪并连接两端交叉的墙体，该命令也是中望建筑 CAD 比较智能的墙体修改工具之一，如图 4-11 所示。

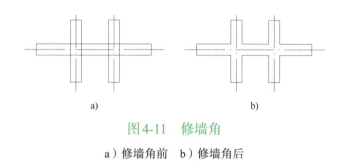

图 4-11 修墙角
a) 修墙角前　b) 修墙角后

4.3.3　墙基偏移

屏幕菜单命令：【墙梁板】→【墙基偏移】(QJPY)

本命令用于在保持墙体边线不变的前提下，把基线偏移到给定的位置。换言之，就是在维持总宽和墙体外观不变的前提下，通过修改左宽、右宽达到基线与给定位置对齐的目的。

4.3.4　墙边偏移

屏幕菜单命令：【墙梁板】→【墙边偏移】(QBPY)

本命令用来保持在墙体基线不变的前提下，把边线偏移到给定的位置。换言之，就是维持基线位置和总宽不变，通过修改左宽、右宽达到边线与给定位置对齐的目的。本命令通常用于处理墙体与某些特定位置的对齐问题，特别是和柱子的边线对齐，如图 4-12 所示。

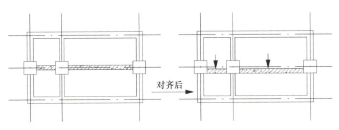

图 4-12 墙与柱边对齐

4.3.5 墙齐轴线

屏幕菜单命令：【墙梁板】→【墙齐轴线】（QQZX）

本命令用来修复墙体接头或墙基线与轴线的微小误差（这些误差因为微小而不易察觉，但容易引起某些奇怪的问题）。可通过命令选项中的【误差设置（D）】来调整精度数值，执行命令后，命令行提示：

请选择要整理的墙 [误差设置 (D)]＜退出＞：

待整理的墙到轴线的误差范围＜20＞：

4.3.6 墙柱保温

屏幕菜单命令：【墙梁板】→【墙柱保温】（QZBW）

本命令可在图中已有的墙段和柱子上添加或取消内外保温层。系统自动将保温层作为墙、柱的一个属性，如图 4-13 所示。执行【墙柱保温】命令后，命令行提示：

点取墙柱保温一侧或 [内保温 (I) / 外保温 (E) / 取消保温 (R) / 保温层厚:80(T)]
＜退出＞：

图 4-13 墙柱加保温层

4.3.7 改墙厚

1. 屏幕菜单命令：【墙梁板】→【改墙厚】（GQH）

本命令按照墙体基线居中的原则批量修改多段墙体的厚度，不适合修改偏心墙，因此要谨慎使用。执行命令后，命令行提示：

选择墙体：

新的墙宽<360.0>：

2. 屏幕菜单命令：【墙梁板】→【改外墙厚】（GWQH）

本命令的使用对象只针对外墙，因此执行该命令之前应预先识别外墙，或在绘制时已经设定了墙体类型为外墙。执行该命令时可分别指定内侧厚度（内侧宽）和外侧厚度（外侧宽），命令行提示：

请选择外墙：

内侧宽<120>：

外侧宽<240>：

4.3.8 墙体造型

屏幕菜单命令：【墙梁板】→【墙体造型】（QTZX）

一般情况下创建的墙体外形都很规矩，如果墙体需要添加墙垛、风道等造型，【墙体造型】命令可用指定的多段线作边界生成与墙相关联的造型。执行命令后，命令行提示：

墙体造型轮廓起点或 [点取图中曲线 (S) / 参考点 (R)]<退出>：

直段下一点 [弧段 (A) / 回退 (U)] <结束>：

命令执行完毕后，系统自动打断相关墙体。墙体造型是附加在墙体上的附属对象，目的是修饰墙体的形状，有一系列的夹点用来动态更改形状。墙体造型如图4-14、图4-15所示。

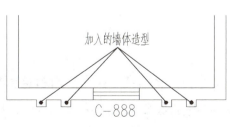

图4-14 墙体造型

图4-15 墙体造型渲染图

任务 4.4 使用三维工具

这里介绍和墙体的三维视图有关的编辑功能和辅助工具。

4.4.1 幕墙分格

右键菜单命令：〈选中玻璃幕墙〉→【对象编辑】（DXBJ）

利用【创建墙体】命令直接生成的玻璃幕墙仅能满足平面工程图的表达需求，如果用于三维表现，则应当进行细致分格，进一步设计幕墙的横框、竖挺和玻璃。玻璃幕墙进行细致分格之前，应当用夹点设定外表面；如果没有设定外表面，则按起止点方向假定右侧为外侧。在玻璃和分格框的设计中，对齐方式和偏移方向均以此作为根据。

【玻璃幕墙】对话框有三个选项卡，分别是【幕墙分格】【竖挺设置】【横框设置】（图 4-16）。

1.【幕墙分格】对话框选项和操作解释

1)【玻璃图层】用于确定玻璃放置的图层。

2)【偏移距离】表示玻璃相对基线的偏移距离。正值为向外偏移，负值表示向内偏移。

3)【横向分格】用于横格布局设计。【高度】为创建墙体时的原高度，可以输入新高度。如果均分，系统自动在电子表中算出分格距离；如果不均分，先确定格数，再从序号 1 开始顺序填写各个分格距离。

4)【竖向分格】用于竖格布局设计，操作程序同【横向分格】一样。【幕墙分格】对话框如图 4-16 所示。

完成分格后选取【竖挺设置】进入下一步。

2.【竖挺设置】对话框选项和操作解释

1)【图层】用于确定竖挺放置的图层。

2)【截面 u】【截面 v】表示竖挺的截面尺寸，见图 4-17 中的右侧示意窗口。

3) 选择【隐框幕墙】复选框后，竖挺向内退到玻璃后面；如果不选择【隐框幕墙】复选框，可分别对【对齐位置】和【偏移距离】进行设置。

4)【对齐位置】有内中外三种对齐方式，分别表示竖挺的内侧、中线或外侧对齐到基线。

图 4-16 【幕墙分格】对话框

图 4-17 【竖挺设置】对话框

5)【偏移距离】表示竖挺相对基线的偏移距离,正值表示向外偏移,负值表示向内偏移。

6)【起始竖挺】【终止竖挺】决定了幕墙的两端是否需要竖挺。

3. 【横框设置】对话框选项和操作解释

【横框设置】对话框与前面的【竖挺设置】对话框布局相似,只是面向横框的设置而已,参数设置参照【竖挺设置】。【横框设置】对话框如图 4-18 所示。

图 4-18 【横框设置】对话框

> **注意:**
> 玻璃幕墙与普通墙一样,可以插入门窗。

玻璃幕墙渲染效果如图 4-19 所示。

图4-19 玻璃幕墙渲染效果

4.4.2 更改墙高

屏幕菜单命令:【墙梁板】→【改高度】(GGD)

屏幕菜单命令:【墙梁板】→【改外墙高】(GWQG)

对于单个墙体对象的高度修改,使用【对象编辑】或【特性编辑】即可,这里介绍的两个命令主要是为了批量修改墙高用的。

【改高度】命令可对选中的柱、墙体及其造型的高度和底标高进行批量修改,是调整这些构件竖向位置的主要手段。修改柱、墙体的底标高时,门窗底的标高可以和柱、墙联动修改。

【改外墙高】命令与【改高度】命令类似,但仅对外墙有效,运行该命令前应已做过内外墙的识别操作,以便系统能够自动过滤外墙。通常采用【改外墙高】命令抬高或下延外墙,比如在无地下室的首层平面,把外墙从室内标高延伸到室外地坪标高处。

更改墙高的操作要点:

1)可同时修改墙、柱高度,适合整层图的层高修改。

2)柱子、墙体及其造型的高度和底标高按给定值一次完成修改。

3)如果墙底标高不变,窗墙底部距离(窗户到室外地坪的距离)不论输入"Y"或"N"都没有关系;但如果墙底标高改变了,就会影响窗台的高度。比如墙底标高原来是"0",新的墙底标高是"-450",以"Y"响应时各窗的窗台相对墙底标高而言高度维持不变,但从立面图上看就是窗台随墙下降了450mm;如以"N"响应,则窗台高度相对于墙底标高而言就作了改变,而从立面图上看窗台却没有下降。改墙高度和底标高的两种情况如图4-20所示。

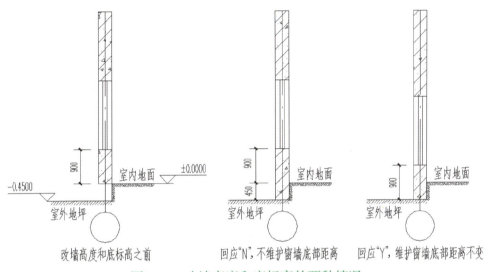

图4-20 改墙高度和底标高的两种情况

4.4.3 墙面坐标系

右键菜单命令：〈选中墙体〉→【墙体工具】→【墙面UCS】（QMUCS）

有时为了在直墙墙面上定位和绘制图元,需要把用户坐标系（UCS）设置到墙面上,例如构造异形洞口或构造异形墙立面,本命令通过选择一个直墙的边线,可快速设置用户坐标系。

4.4.4 不规则墙立面

右键菜单命令：〈选中墙体〉→【墙体工具】→【墙体立面】（QTLM）

通过对矩形立面墙的适当剪裁可构造不规则立面形状的特殊墙体,比如构造不同形状的山墙,从而获得与坡屋顶准确相连的效果。本命令也可以把不规则的立面变为规则的矩形立面。

墙体变异形立面的操作要点：

1）异形立面的剪裁边界依据墙面上绘制的多段线来表述,如果想在构造后保留矩形墙体的下部，多段线从墙的两端一边入一边出即可；如果想在构造后保留墙体的左侧部分，则位于墙顶端的多段线的端线指向左侧要保留的部分，如图4-21所示。

2）墙体变为异形立面后，部分编辑功能将失效，如【夹点拖动】等。异形立面墙体生成后如果接续墙端延续画新墙，异形墙体能够保持原状；如果新墙与异形墙有交角，则异形墙体恢复原形。

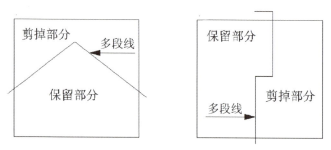

图4-21 剪裁方式与多段线画法的关系

3）运行本命令前，应先用【墙面UCS】临时定义一个基于所选墙面的用户坐标系，以便在墙体立面上绘制异形立面墙的边界线。为便于操作，可将屏幕设为多视口配置，立面视口中用多段线绘制异形立面墙的剪裁边界线。注意多段线的首段和末段不能是弧段。

命令交互：

选择墙立面形状（不闭合多段线）或【矩形立面（R）】<退出>：

（在立面视口中选择轮廓线或键入"R"恢复矩形立面）

选择墙体：

（在平面图或轴测图视口中选取要改为异形立面的墙体，可多选）

回应完毕后，选中的墙体根据边界线变为异形立面。如墙体已经是异形立面，则更改为新的立面形状。命令结束，多段线仍保留，以备再用。

坡屋顶需要的山墙就要采用这种方式生成，图4-22就是一个山墙表现的例子。

4.4.5 墙齐屋顶

屏幕菜单命令：【墙梁板】→【墙齐屋顶】（QQWD）

图 4-22　通过异形立面剪裁生成的山墙

本命令以人字坡顶作为参考，自动修剪屋顶下面的墙体和柱子，使这部分墙、柱与屋顶对齐。人字坡顶的山墙由此命令生成比前面介绍的用【墙体立面】命令生成更加方便。

【墙齐屋顶】命令操作步骤：

1）屋顶单独一层，此时需建楼层框，使得屋顶与墙体建立对应关系，并且预先把屋顶置于合适的标高处。

2）屋顶与顶层房间放在一起时，无须新建楼层框，但屋顶仍需置于合适的标高处。

3）选择准备进行修剪的墙体，使用【墙齐屋顶】命令操作后的效果如图 4-23 所示。

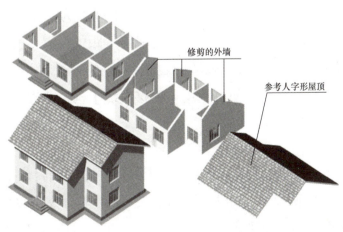

图 4-23　墙齐屋顶

任务 4.5　使用其他工具

4.5.1　识别内外墙

屏幕菜单命令：【墙梁板】→【识别内外】（SBNW）

右键菜单命令：〈选中墙体〉→【墙体工具】→【加亮外墙】

【识别内外】命令可对建筑物的整层墙体自动识别内墙与外墙。【加亮外墙】命令则可以将已经识别定义的外墙重新加亮，以便观察。

执行完上述命令后，系统自动判断内外墙，并用红色虚线亮显外墙外边线，用【重画】命令可消除亮显虚线。如果一个 DWG 文件中有多个楼层平面图，则需要逐个处理。

如果想查看当前图中哪些墙是外墙，哪一侧是外侧，用【加亮外墙】命令就可以使外墙重新用红色虚线亮显。

> **注意：**
> 如果建筑楼层有多个建筑轮廓，例如有伸缩缝和沉降缝，则要分多次识别内外墙，因为每一次只能识别出一个外墙轮廓。

4.5.2　偏移生线

右键菜单命令：〈选中墙体〉→【偏移生线】（PYSX）

本命令类似中望 CAD 的【偏移】命令，以墙线作为参考生成与墙边或柱边具有一定偏移距离的辅助曲线，以方便在与墙体等距的位置上完成其他任务。

如图 4-24 所示，在一个带有弧墙的建筑物前准备绘制一条小路，其曲线形状与建筑物外墙同形且等距，便可利用【偏移生线】构造小路的辅助曲线。

4.5.3　墙端封口

右键菜单命令：〈选中墙体〉→【墙体工具】→【墙端封口】（QDFK）

在改变单元墙体两端的二维显示形式时，使用本命令可以使其封闭和开口两种形式互相转换。本命令不影响墙体的三维表现。墙端封口如图 4-25 所示。

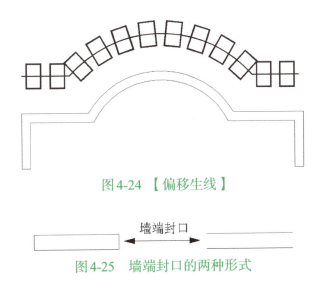

图 4-24 【偏移生线】

图 4-25 墙端封口的两种形式

任务 4.6　创建梁和楼板

4.6.1　创建梁

屏幕菜单命令：【墙梁板】→【创建墙梁】（CJQL）

梁的创建与墙体创建通用一个命令，在类型中切换为"梁"，梁除了宽度参数外，还需要给定顶高和截面高，材质锁定为"砖墙"。

梁在表达形式上有两种：墙上梁和独立梁。沿墙绘制可获得墙上梁，其基线与墙重合，在平面图中不显示；单独绘制可获得独立梁。梁的创建方式与墙体基本一致，如图 4-26 所示。

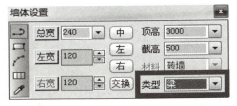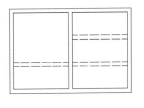

图 4-26　创建梁

4.6.2　创建楼板

屏幕菜单命令：【墙梁板】→【搜索楼板】（SSLB）

中望建筑 CAD 主张把楼板定位于每层建筑模型的顶部，即墙体顶部，且楼板边界必须是梁。楼板的生成方式是将光标置于由梁围合的闭合区域内,系统自动搜索梁边作为楼板的边界,在【搜索楼板】的对话框中有【板编号】【板厚】【板顶标高】三个选项,如图4-27所示。

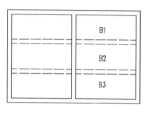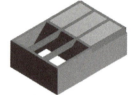

图4-27 创建楼板

项目 5　创建与绘制门窗

本项目内容包括

- 认识门窗对象
- 创建门窗
- 编辑门窗
- 创建门窗表
- 使用门窗库

● 任务目标

通过对本项目的学习，掌握以下技能与方法：
1. 学会使用中望 CAD 建筑版软件创建门窗。
2. 能够熟练掌握门窗的编辑命令。
3. 能够熟练生成局部门窗表和门窗总表。

● 任务内容

中望 CAD 建筑版软件的门窗功能支持各种复杂门窗的创建和编辑，可基于门窗库快速提取门窗表，同时门窗整理功能可将门窗汇集到一个系统的表格中进行集中修改和整理。学习完本项目，要求能正确使用中望 CAD 建筑版软件创建门窗和门窗表。

● 实施条件

1. 台式计算机或笔记本电脑。
2. 中望 CAD 建筑版软件。

任务 5.1　认识门窗对象

门窗是建筑的核心构件之一，中望建筑 CAD 采用了建筑对象来表示建筑门窗，从而实现了门窗和墙体之间的智能联动。门窗插入后在墙体上自动按门窗轮廓形状开洞，删除门窗后墙洞自动闭合，这个过程中墙体的外观及几何尺寸均不变，但墙体对象的相关数据如粉刷面积、开洞面积等随门窗的建立和删除而更新。

中望建筑 CAD 的门窗是广义上的门窗，是指附属于墙体并需要在墙上开启洞口的对象，因此如非特别说明，本书提到的门窗包括墙洞在内。注意，老虎窗和本任务所提门窗的实现机制不一样，它和屋顶的关系十分密切，参见项目 7 内容。

5.1.1　门窗类型

中望建筑 CAD 提供了以下几类门窗：

1. 普通门

普通门的二维视图和三维视图都用图块来表示，可以从门窗图库中分别挑选门窗的二维形式和三维形式。普通门的参数设置对话框如图 5-1 所示。

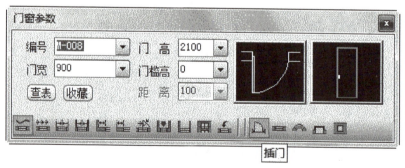

图 5-1　【门窗参数】对话框——普通门

2. 普通窗

普通窗的特性参数和普通门类似，其参数设置对话框如图 5-2 所示，只是比普通门多了一个【高窗】属性。

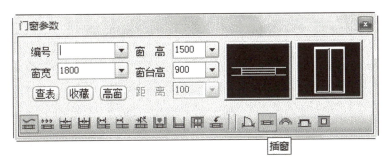

图5-2 【门窗参数】对话框——普通窗

3. 弧窗

弧窗安装在弧墙上,并且和弧墙具有相同的曲率半径,二维弧窗一般用三线或四线表示,默认的三维弧窗为一弧形玻璃加四周边框。用户可以用【窗棂映射】来添加更多的窗棂。弧窗的参数设置对话框如图5-3所示,弧窗的三维效果如图5-4所示。

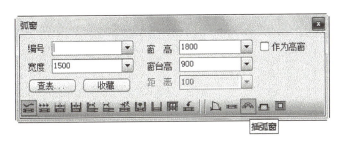

图5-3 【弧窗】对话框

图5-4 弧窗的三维效果

4. 凸窗

凸窗通常也称为飘窗,其二维视图依据用户的选定由系统自动确定,默认的三维视图有上下板、简单窗棂和玻璃,但允许用户用【窗棂映射】来添加更多的窗棂。凸窗的参数设置对话框如图5-5所示,图5-6给出了四种形式凸窗的平面图。

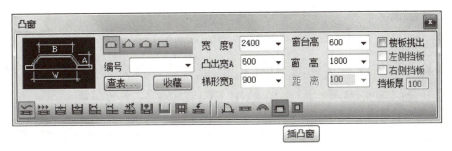

图5-5 【凸窗】对话框

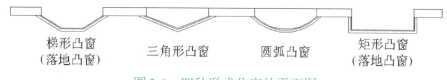

图 5-6 四种形式凸窗的平面图

5. 矩形洞

墙上的矩形洞既可以穿透也可以不穿透墙体，有多种二维形式可选。矩形洞的参数设置对话框如图 5-7 所示。对于不穿透墙体的矩形洞，还可定制洞体嵌入墙体的深度。图 5-8 给出了平面图中各种矩形洞的表示方法。

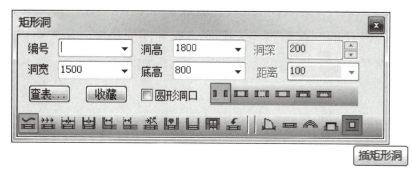

图 5-7 【矩形洞】对话框

图 5-8 平面图中各种矩形洞的表示方法

6. 异形洞

绘制异形洞时可自由在墙面上绘制轮廓线，然后转成洞口，其平面图与矩形洞一样，也有多种表示方法。图 5-9 给出了异形洞的参数设置对话框。

7. 组合门窗

组合门窗是两个或两个以上的普通门和（或）窗的组合，并在组合后作为一个门窗对象。居住建筑常见的子母门、门联窗，以及办公建筑的入口组合大门都可以用组合门窗来表示。图 5-10 给出了门联窗的三维效果图。

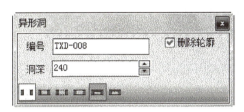

图5-9 【异形洞】对话框

图5-10 门联窗三维效果

8. 转角窗

转角窗是指通过一个转角跨越两段墙的窗户，可以外飘。二维转角窗用三线或四线表示，默认的三维视图有简单窗棂和玻璃，外飘的转角窗还有上下板。转角窗的参数设置对话框如图5-11所示。图5-12给出了一个转角凸窗的三维效果，该图用【窗棂映射】完善了窗棂的划分。

图5-11 【转角窗】对话框

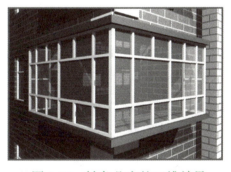

图5-12 转角凸窗的三维效果

9. 带形窗

带形窗不能外飘，但可以跨越多段墙（包括弧墙），其他和转角窗相同。图5-13给出了带形窗的参数设置对话框，图5-14给出了带形窗的三维效果图。

图5-13 【带形窗】对话框

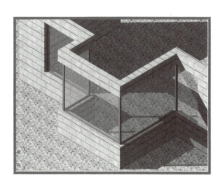

图 5-14　带形窗的三维效果

5.1.2　门窗编号

门窗对象有一个特别的属性——门窗编号。门窗插入时的编号可以选择【自动编号】，这样插入的门窗按"宽 × 高"编号，如 M0921，这样可以直观地看到插入的门窗规格。当然，中望建筑 CAD 也允许用户自定义门窗编号。

5.1.3　高窗和上层窗

高窗和上层窗是窗户的另一个属性，两者都是指位于楼层水平剖切平面以上的窗户。两者的区别在于，前者用虚线表示二维视图，说明同一楼层的正下方没有其他门窗；后者在二维视图上还显示另一个编号，说明同一楼层的正下方还有其他窗户（通常应当等宽）。上层窗多用在厂房等高大空间的建筑中。高窗和上层窗的平面表示与三维效果如图 5-15、图 5-16 所示。

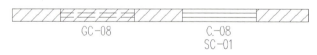

图 5-15　高窗和上层窗平面表示

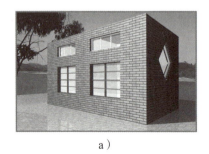
a）

b）

图 5-16　高窗和上层窗三维效果

a）高窗三维效果　b）上层窗三维效果

任务 5.2　创建门窗

5.2.1　插入门窗的方式

屏幕菜单命令：【门窗】→【门窗】(MC)

在打开的【门窗参数】对话框的下方分别有两组功能按钮，左边的一组控制的就是门窗的不同插入方式，右边的一组功能按钮是选择插入门窗的类型，如图 5-17 所示。

图 5-17　【门窗参数】对话框

功能按钮从左至右依次为【自由插入】【顺序插入】【轴线等分插入】【墙段等分插入】【垛宽定距插入】【轴线定距插入】【角度定位插入】【智能插入】【满墙插入】【上层插入】【替换】等。

1.【自由插入】

单击工具按钮，便可在墙段的任意位置单击插入，利用这种方式插入门窗非常快速，但不易于准确定位，可通过命令行的不同选项来控制门窗的内外、左右开启方向，单击鼠标左键就可完成门窗的插入。

2.【顺序插入】

单击工具按钮，便以该段墙的起点为基点，按给定的距离插入选定的门窗。此后，顺着前进方向根据给定的距离连续插入，且在插入过程中可以随时改变门窗的类型和参数。在弧墙按顺序插入时，门窗按照墙体基线的弧长进行定位。

3.【轴线等分插入】

单击工具按钮，可以将一个或多个门窗等分插入选定墙体两侧的两根轴线之间的墙段上，如果该墙段缺少轴线，则按该墙段的基线等分插入。门窗的开启方向控制参见【自由插入】中的介绍。

4.【墙段等分插入】

单击工具按钮![img]，可以使门窗沿该墙段等间距插入，操作与【轴线等分插入】的方式相似，本命令在一个墙段上按较短的边线等分插入若干个门窗，门窗开启方向的确定同【自由插入】。

5.【垛宽定距插入】

单击工具按钮![img]，系统自动选取距离目标位置最近的墙边线的顶点作为参考位置，按指定的垛宽距离插入门窗。本命令特别适合插入室内门，开启方向的确定同【自由插入】。

6.【轴线定距插入】

单击工具按钮![img]，可以将所设门窗按设定的与轴线的间距插入指定位置，操作与【垛宽定距插入】相似，系统可自动搜索距离目标位置最近的轴线交点，并将该点作为参考位置快速插入门窗。

7.【角度定位插入】

单击工具按钮![img]，可以在弧墙上按照预先设定的角度插入门窗。本命令需首先选择需要插入门窗的弧墙，然后设定插入角度，按<Enter>键即可插入。

8.【智能插入】

单击工具按钮![img]，系统自动将一段墙体分成三段，两端段为垛宽定距插入，中间段为居中插入，如图 5-18 所示。当光标处于两端段位置时，系统自动判定门开向有横墙一侧。

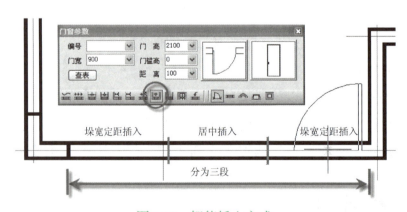

图 5-18　智能插入方式

9.【满墙插入】

单击工具按钮![img]，选择需要插入门窗的墙段，按<Enter>键确定本段墙体被门窗替换。

10.【上层插入】

单击工具按钮▦，插入上层窗，即可以在已有的门窗上方再加一个宽度相同、高度不同的窗，但上层窗在平面图中只显示编号。执行该命令时需要输入上层窗的编号、窗高和窗台到下层门窗顶的距离。

11.【替换】

单击工具按钮，便可以批量修改门窗参数，包括门窗类型。用对话框内的当前参数作为目标参数，替换图中已经插入的门窗。将【替换】按钮按下，对话框右侧出现参数过滤开关，如图 5-19 所示。如果不打算改变某一参数，可清除该参数开关，对话框中的参数按原图保持不变。例如将门改为窗，宽度不变，应将宽度开关置空。

部分门窗插入方式如图 5-20 所示。

图 5-19 【门窗参数】对话框右侧的参数过滤开关

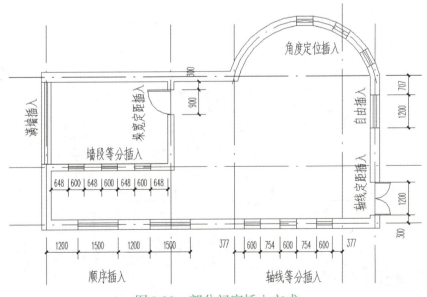

图 5-20 部分门窗插入方式

5.2.2 门窗组合

屏幕菜单命令：【门窗】→【门窗组合】（MCZH）

本命令用两种方式创建组合门窗，一种方式是在墙体上不留缝隙地连续插入门和窗；另一种方式是对已经存在的门窗进行合并组合。与分别插入各个门窗不同的是，组合门窗为一个整体对象，在门窗表中作为一个"组合门窗"构件进行统计。用【门窗组合】创建门联窗、子母门以及公共建筑的入口大门十分方便。本命令操作步骤：

1）执行命令后，命令行提示：

点取墙体或【组合已有门窗（S）】<退出>

2）直接选取墙体，弹出如图 5-21 所示对话框。

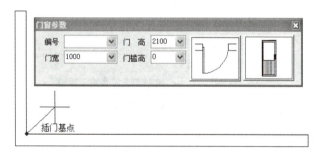

图 5-21 【门窗参数】对话框和插入基点

命令行提示：

输入从基点到门窗侧边的距离或【更换门窗（C）】<退出>

插入一个门或窗后如图 5-22 所示。

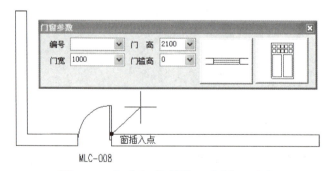

图 5-22 门窗组合的第二个插入基点

命令行提示：

下一个【更换门窗（C）/左右翻转（S）/内外翻转（D）/回退（U）】<退出>：

设置并插入第二个门窗,以此类推,插入多个门窗。

3)选择【组合已有门窗(S)】后,命令行提示:

`选取待组合的门窗<退出>`

在图中的一段墙上选择已有的门窗进行组合,如果待组合的门窗不相邻且有缝隙,以第一个选中的为主,其余的向其靠拢。

5.2.3　带形窗

屏幕菜单命令:【门窗】→【带形窗】(DXC)

本命令用于插入窗台高与窗高不变、水平方向沿墙体连续变化的带形窗。选择【带形窗】命令,打开如图 5-23 所示的对话框,命令行提示输入带形窗的起点和终点。带形窗的起点和终点既可以在一个墙段上,也可以经过多个转角点,如图 5-24 所示。

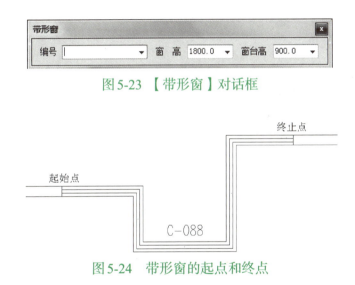

图 5-23　【带形窗】对话框

图 5-24　带形窗的起点和终点

5.2.4　转角窗

屏幕菜单命令:【门窗】→【转角窗】(ZJC)

在墙角的两侧插入转角窗有三种形式:随墙的非凸角窗(可带窗完成)、落地的凸角窗和未落地的凸角窗。转角窗的起始点和终止点在一个墙角的两个相邻墙段上,但转角窗只能经过一个转角点。

【转角窗】的参数设置对话框如图 5-25 所示,插入转角窗时首先要在三种窗中确定类型:

1）不选取【凸窗】，就是普通转角窗，窗随墙布置。

2）选取【凸窗】，再选取【楼板出挑】，就是落地的凸角窗。

3）只选取【凸窗】，不选取【楼板出挑】，就是未落地的凸角窗。

图 5-25 【转角窗】对话框

命令交互：

请选取墙角<退出>：

（点取墙角）

转角距离 1<1500>：

（图中选择距离或输入）

转角距离 2<2400>：

（图中选择距离或输入，按<Enter>键生成）

图 5-26 是一个未落地的凸角窗的平面样式。

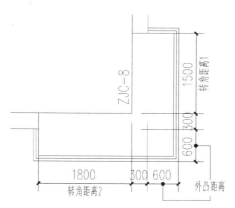

图 5-26 未落地的凸角窗的平面样式

5.2.5 异形洞

屏幕菜单命令：【门窗】→【异形洞】（YXD）

本命令可在任一墙面上按给定的闭合多段线的轮廓线生成任意形状的洞口，在二维平面上的表达与【矩形洞】完全一致，可以参照理解。为了便于操作，首先将屏幕设为两个或更多的视口,分别显示平面和正立面,然后用【墙面UCS】确定一个墙面作为当前的用户坐标系,接着用闭合多段线画出洞口轮廓线,最后使用本命令转化为异形洞。异形洞如图 5-27 所示。

命令交互:

请点取墙体一侧<退出>:

(选取墙体一侧)

选择墙面上作为洞口轮廓的闭合曲线<退出>:

(选择一个准备好的封闭曲线)

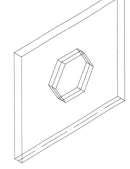

图 5-27　异形洞

5.2.6　两点门窗

屏幕菜单命令:【门窗】→【两点门窗】(LDMC)

本功能利用图中墙上已有的特征线或标记来捕捉门窗的起始点和终止点,快速、连续地插入门窗。【两点门窗】对话框如图 5-28 所示。

图 5-28　【两点门窗】对话框

任务 5.3　编辑门窗

对于常规的参数修改,使用【对象编辑】和【特性编辑】即可,或者使用 5.2.1 介绍的【替换】命令。本任务主要介绍的是门窗专用的编辑和装饰工具。

5.3.1　夹点编辑

单击需要修改的门窗,系统进入门窗的夹点编辑状态,门窗对象提供了六个编辑夹点,如图 5-29、图 5-30 所示。当光标移动到所在夹点时,系统自动显示该夹点的功能。门窗夹点的编辑方法和说明如图 5-29、图 5-30 所示。

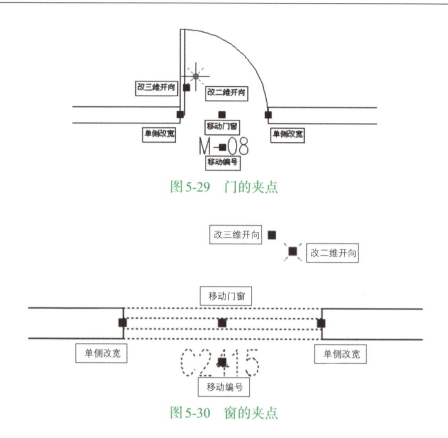

图 5-29　门的夹点

图 5-30　窗的夹点

5.3.2　编号编辑

屏幕菜单命令：【门窗】→【改门窗号】(GMCH)

右键菜单命令：〈选中门窗〉→【编号复位】(BHFW)

门窗编号既可以在创建门窗时编入，也可以后期再添加。【改门窗号】命令用于批量添加或修改门窗编号，若执行命令行【自动编号】选项，则系统将按默认的门窗编号值进行自动编号。

进行夹点编辑或出图比例修改后，门窗编号的位置可能变得不合适，【编号复位】可以把门窗编号调整到默认的位置。

5.3.3　门口线

右键菜单命令：〈选中门窗〉→【门口线】(MKX)

当门的两侧地面标高不同，或者门下安装门槛时，在平面图中需要加入门口线来描述。【门口线设置】对话框如图 5-31 所示。

图5-31 【门口线设置】对话框

【门口线设置】对话框选项和操作解释：

1)【自动】是指单选或框选门对象，自动删除所有门口线。

2)【单侧添加】是指单选或框选门对象，选取方向确定添加哪一侧的门口线。

3)【双侧添加】是指单选或框选门对象，添加双侧门口线。

4)【单侧删除】是指单选或框选门对象，选取方向确定删除哪一侧的门口线。

5)【双侧删除】是指单选或框选门对象，删除所有门口线。

此外，门口线作为门窗的一个属性，还可以在【特性表】中编辑。

5.3.4 门开启方向

屏幕菜单命令：【门窗】→【门左右翻】（MZYF）

【门窗】→【门内外翻】（MNWF）

右键菜单命令：〈选中门〉→【门左右翻】（MZYF）

〈选中门〉→【门内外翻】（MNWF）

本组命令既可单独也可批量地更改门的开启方向。

5.3.5 门窗套

右键菜单命令：〈选中门窗〉→【加门窗套】（JMCT）

〈选中门窗〉→【消门窗套】（XMCT）

门窗套和门窗装饰套是两个不同的概念，门窗套是在施工时就必须构造好的建筑部件，门窗装饰套是业主为自家房产装修时添置的装饰物；门窗套在建筑工程图中需要表示，而门窗装饰套则不需要在建筑工程图中表示。在中望建筑CAD中，门窗套是作为门窗的一个属性参数来实现的，若要消除门窗套，需使用【消门窗套】专用工具来消除门窗的门窗套特性。门套的平面图如图5-32所示。

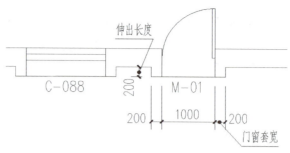

图 5-32　门套的平面图

添加门窗套的步骤：

1）选择需要添加门窗套的门窗。

2）输入门窗套参数，包括伸出墙的长度和门窗套宽度。

3）如果门窗所在的墙还没有确定外侧，则需要在图中指定朝外的一侧。

门窗套的三维效果如图 5-33 所示。

图 5-33　门窗套的三维效果

5.3.6　窗棂分格

右键菜单命令：〈选中门窗〉→【窗棂展开】（CLZK）

〈选中门窗〉→【窗棂映射】（CLYS）

中望建筑 CAD 采用了一种巧妙的方法设计窗户的窗棂分格，分三个步骤实施：

1）使用【窗棂展开】，把门窗原来的窗棂展开到平面图上。

2）修改和完善窗棂的展开图，只能使用简单的直线、圆弧、圆来表示窗棂。

3）使用【窗棂映射】，把窗棂展开图映射成三维的效果。

图 5-34 展示的是一个转角窗添加窗棂。

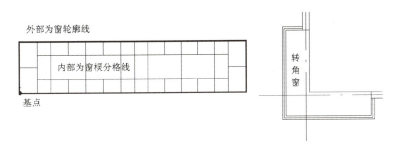

图 5-34　转角窗添加窗棂

本命令完成后所选中的窗立面轮廓线展开在图中指定位置上，系统允许使用直线和弧线添加窗棂线，但要求作为窗棂的线段要求必须绘制在 0 图层上。

【窗棂映射】命令把【窗棂展开】命令生成的展开立面图以用户定义的立面窗棂分格线分格窗户，且在目标门窗上按默认尺寸映射并生成用户自定义的三维窗棂分格效果，如图 5-35 所示。

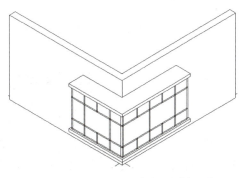

图 5-35　转角窗三维窗棂映射示意

命令交互：

选择待映射的窗：

（选取要附着窗棂线的窗对象，可多选，按 <Enter> 键结束）

选择待映射的棱线：

（选取用户定义的窗棂分格线或者按 <Enter> 键恢复窗框）

选择待映射的棱线：

（按 <Enter> 键结束选择）

基点 < 退出 >：

[选取窗棂展开的基点（轮廓线的左下角）]

> **注意：**
> 普通门也可以使用这里介绍的窗棂分格的方法。

5.3.7　门窗调位

屏幕菜单命令：【门窗】→【门窗调位】（MCTW）

设计实践中常常反复修改方案，造成门窗位置凌乱无序，或者设计师在绘图中按大致的位置插入参数不合理的门窗，给后续工作带来很大困扰，使用本命令，可以批量微调门窗位置，快速进行门窗调位。

5.3.8　门窗整理

屏幕菜单命令：【门窗】→【门窗整理】（MCZL）

【门窗整理】汇集了门窗编辑和检查功能，把图中的门窗按类型提取到表格中，鼠标选取列表中的某个门窗，视口自动对准并选中该门窗，此时既可以在表格中也可以在图中编辑门窗。表格与图形之间通过【应用】和【提取】【选取】按钮交换数据。表格中各部分所代表的意义如图 5-36 所示。表中的数据被修改后以红色显示，提示该数据修改过且与图中不同步，直到选取【应用】同步后才显示正常。在某个编号行进行修改，该编号下的全部门窗会同步被修改。进行冲突检查时可将规格、尺寸不同，却采用相同编号的同类门窗高亮显示出来，以便修改编号或修改尺寸。

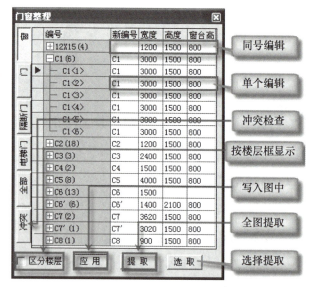

图 5-36 【门窗整理】表格

任务 5.4 创建门窗表

有了各层的平面图,就有了完整的门窗信息,因此可以对这些图纸进行统计分析,生成与建筑设计工程图纸配套的门窗表。中望建筑 CAD 提供了【门窗表】和【门窗总表】两个工具,用来生成局部楼层和整个建筑的门窗表。

各层平面图是通过楼层表来联系的,因此应当预先设置好楼层表,特别是要正确地设置和使用内部楼层表(全部平面图都在当前视口)或外部楼层表(各标准层平面图为单独的 DWG 文件),有关楼层表的详细说明参见项目 14。

5.4.1 门窗表

屏幕菜单命令:【门窗】→【门窗表】(MCB)

执行本命令将选中的门窗进行统计并生成门窗表,通常在【门窗整理】命令中确信无误后生成。用户可以选中部分或某一层的门窗,由系统统计并生成表格,门窗表如图 5-37 所示。

门窗表

类型	设计编号	洞口尺寸	数量	图集名称	页次	选用型号	备注
窗	C-001	1800X100	3				
窗	C-002	1500X100	3				
转角窗	DC-001	(1000+1000)X1800	1				
转角窗	ZJC-001	(1415+1606)X1500	1				
门	M-001	1000X2100	3				
门	M-002	800X2100	2				
门	M-003	1100X2100	4				
组合门窗	MC-001	2200X1500	1				

图 5-37 门窗表

5.4.2 门窗总表

屏幕菜单命令:【门窗】→【门窗总表】(MCZB)

执行本命令将统计整个工程中使用的所有门窗并生成门窗表。本命令与【门窗表】命令的区别在于面向的统计对象不同,所以表格形式也略有差别,门窗总表中的门窗按楼层分别统计,如图 5-38 所示。

【门窗表】和【门窗总表】都提供对输出格式的定制支持,即用户可按自己的需求在系统给定的表头样式中任意选择。

类型	设计编号	洞口尺寸	数量						图集选用			备注
			1层	2层	3层	4,5层	6层	7层	合计	图集名称	页次	选用型号	
窗	C1	1800X1250	1	2					3				
窗	C1	1640X1250	1						1				
窗	C2	1500X1250	2	2					4				
窗	C2	1120X1250	1						1				
窗	C3	800X1250	1	1					2				
窗	C4	2400X1250	1	2					3				
窗	C5	800X1500			2	2X2			6				
窗	C6	1800X1500			2	2X2	1		7				
窗	C7	1500X1500			2	2X2	1		7				
窗	C8	1500X1400			1	1X2			4				
窗	C9	1800X2100			1	1X2			3				
门	M1	900X2100	2	1	3	3X2			13				
门	M2	3350X2450	1						1				
门	M3	1800X2100		1					1				
门	M4	2400X2100			2	2X2	1		7				
门	M5	800X2100	1	2	2	2X2			9				
门	M6	1400X2150	2						2				
门	M7	1200X2150	2						2				

图 5-38 门窗总表

任务 5.5 使用门窗库

5.5.1 二维门窗图块

二维门窗图块存放在文件名为"Opening2D.tks"的图库集中,该图库集初始时包括"Opening2D.tk"和"U_Opening2D.tk"两个图库,前者由系统维护,后者由用户维护,这样可避免在升级和重新安装中被错误地覆盖。尽管图库中已经划分好了门和窗两个类别,事实上中望建筑CAD并不区分它们,换句话说,用户可以把窗图块赋给普通门,系统既不知道,更无从拒绝。然而,中望建筑CAD的二维门窗图块并非普通的图块,因此要遵守一定的制图规则:

1)基点与门窗洞下缘的中心对齐。

2)门窗图块是1×1的单位图块,用在门窗对象时按实际尺寸放大。

3)门窗对象用宽度作为图块的X向放大比例,用宽度或墙厚作为图块的Y向放大比例。

4)究竟是使用门窗宽度还是墙厚作为图块的Y向放大比例呢?这在门窗图块入库时就已经确定了。二维图形中和墙厚有关的门窗,用墙厚作为图块的Y向缩放比例,如常规的窗和推拉门;二维图形中和墙厚无关的门窗,用门窗宽度作为图块的Y向缩放比例,如平开门。

看了这些规则的叙述,好像门窗图块的定义是相当麻烦的一件事。不过好在系统提供了【门窗原型】这个工具，并且在对二维门窗库新建或重建门窗图块时，系统自动把门窗原型转化为单位图块。

5.5.2 三维门窗图块

三维门窗图块存放在文件名为"Opening3D.tks"的图库集中，该图库集初始时包括"Opening3D.tk"和"U_Opening3D.tk"两个图库，和前面提到的二维门窗图块一样，一个作为系统图库由系统维护，另一个作为用户图库由用户维护，这使得扩充修改的劳动得到保护，避免在升级和重新安装时被错误地覆盖。和二维门窗图块一样，尽管图库中已经划分好了门和窗两个类别，事实上中望建筑CAD并不区分它们，但三维门窗图块也有一定的制图规则，并非随便抓一个东西都可以用来表达三维门窗。

1）基点与门窗洞下缘的中心对齐。

2）门窗图块不是单位图块，对应的原始洞口尺寸记录在扩展数据中，根据门窗对象实际的洞口尺寸来缩放门窗图块。

3）门窗图块对应的洞口可以不是矩形，不过这时需要在"_TCH_BOUNDARY"图层上用多段线描出立面边界。

4）系统提供了【门窗原型】这个工具，并且在对三维门窗库新建或重建门窗图块时，系统自动把门窗原型转化为三维门窗图块。

5.5.3 门窗原型

屏幕菜单命令:【门窗】→【门窗原型】(MCYX)

【门窗原型】有两个作用：一是以图中的门窗对象的当前视图为原型样板，生成初始的门窗图块图形；二是对生成的门窗图块图形进行必要的修改和补充，作为最终入库的门窗图块的原型，由系统转化为图库中的图块。

【门窗原型】命令是新建或重建库中门窗图块的第一步，首先从图中已有的门窗中提取一个样品作为新门窗图块的原型。如果要新增门窗的二维样式，请在二维视图下启动【门窗原型】，否则在三维视图下启动【门窗原型】。然后系统自动打开一个临时文件作为创作门窗新样式的环境，这个文件在退出中望建筑CAD时会自动删除。图 5-39 分别是二维窗原型和三维窗原型。

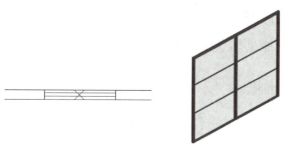

图 5-39　二维窗原型和三维窗原型

对于三维门窗原型，系统将提问是否按照三维图块的原始尺寸构造原型。如果按照原始尺寸构造原型，系统能够维持该三维图块的原始大小，即和当前的门窗对象尺寸无关；否则采用当前门窗对象的三维尺寸，并且门窗图块全部分解为三维面（3DFACE）。

5.5.4　门窗收藏

屏幕菜单命令：【门窗】→【门窗】（MC）

【门窗参数】对话框中，有个附属的命令按钮 收藏 ，该命令可以将当前已经编辑好的门窗及所定义的尺寸、规格以及门窗的编号录制进门窗收藏的库当中，如图 5-40 所示。

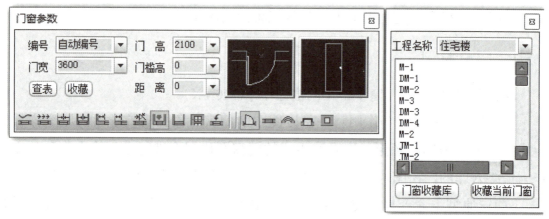

图 5-40　【门窗参数】对话框中的【收藏】命令

对门窗进行收藏有两种方法：

1）方法 1：直接单击【确定保存】按钮，收藏到当前的门窗收藏库中。

2）方法 2：单击【门窗收藏库】按钮，在内部直接编辑门窗的各个参数，如图 5-41 所示。

图 5-41 【门窗收藏管理】对话框

项目6 创建楼梯及建筑设施

本项目内容包括

■ 创建楼梯

■ 创建楼梯附件

■ 创建其他设施

● 任务目标

通过对本项目的学习，掌握以下技能与方法：

1. 学会使用中望CAD建筑版软件创建楼梯。

2. 能够熟练掌握楼梯扶手、栏杆的创建与编辑命令。

3. 能够熟练进行电梯、阳台、坡道、雨篷、散水等其他设施的创建。

● 任务内容

建筑物除了墙体、柱子、门窗等主要构件外，还有很多辅助设施，如楼梯、电梯、阳台、台阶、坡道和散水等，中望CAD建筑版软件的楼梯、台阶和坡道都是自定义对象，可以自动被扶手遮挡以及被柱子"剪切"等。学习完本项目，要求能正确使用中望CAD建筑版软件进行楼梯及建筑设施的创建。

● 实施条件

1. 台式计算机或笔记本电脑。

2. 中望CAD建筑版软件。

任务 6.1　创建楼梯

楼梯是建筑物中上下层联系的重要垂直交通设施，同时也是建筑物的重要组成部分。楼梯梯段的形式是多种多样的，按照平面形式主要分为直线梯段、弧线梯段和异型梯段，用户可单独使用或组合成复杂的楼梯。楼梯中的双跑楼梯是最常见的楼梯形式。

6.1.1　直线梯段

屏幕菜单命令：【建筑设施】→【直线梯段】(ZXTD)

本命令常用于梯段踏步数不大于 18 级的楼层中，直线梯段既可单独使用，也可用于组建复杂的楼梯与坡道。在【直线梯段】对话框中输入楼梯各部位的参数，窗口中动态显示当前参数下的楼梯平面样式，箭头指向为梯段上行方向，如图 6-1 所示。

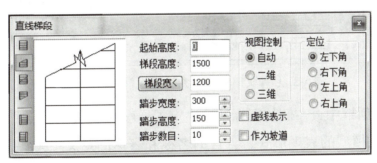

图 6-1　【直线梯段】对话框

【直线梯段】对话框选项和操作解释：

1)【起始高度】是指楼梯第一个踏步起始处相对于本楼层地面的高度，梯段高度从此处算起。

2)【梯段高度】是指当前所绘制直线梯段的总高度，它等于踏步高度的总和。如果改变梯段高度，系统自动按当前踏步高度调整踏步数目，最后取整数的踏步数目并重新计算踏步高度。

3)【梯段宽】是指梯段水平方向的宽度值，可直接输入数值或选取两点从图中拾取。

4)【踏步宽度】是指楼梯段的每一个踏步的宽度。

5）【踏步高度】是指楼梯段的每一个踏步的高度值。由于踏步数目必须为正整数，梯段高度又是一个给定的固定数值，因此踏步高度并不一定为整数，用户可以给定一个大概目标值，系统经过计算确定踏步高度的精确值。

6）【踏步数目】是指该梯段踏步的总数，可直接输入或由梯段高度和踏步高度的概略值推算取整获得，同时系统自动修正踏步高度。

7）【视图控制】可根据需要控制梯段的显示属性，有【二维视图】【三维视图】【依视口自动决定】三个选项。

8）【定位】可在平面图中绘制梯段的开始插入定点，有四种选项。

9）勾选【虚线表示】，首层中下剖断和上剖断的不可见部分用虚线表示。

10）勾选【作为坡道】，梯段按坡道生成，对话框变为图 6-2 的样式。

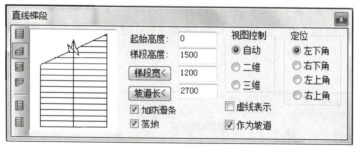

图 6-2 【直线梯段】作为坡道设计时的对话框

图 6-2 对话框中最左侧的图标选项决定了梯段的二维表现形式，注意这些选项不影响三维模型的表现形式，各自的名称和表达的意义（从上往下）如图 6-3 所示。

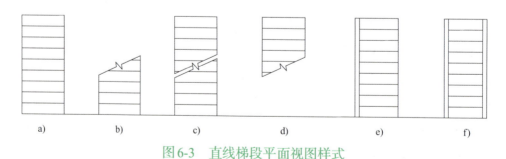

图 6-3 直线梯段平面视图样式

a）无剖断 b）下剖断 c）双剖断 d）上剖断 e）左边梁 f）右边梁

中望建筑 CAD 中的梯段都没有提供直接生成扶手和栏杆的功能，因为梯段的主要用途是作为组合楼梯的单元组件，用户可以采用【添加扶手】和【添加栏杆】命令来完善楼梯的设计，给梯段装配上扶手和栏杆。直线梯段三维效果如

图 6-4 所示。

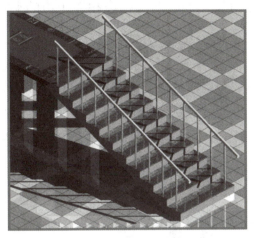

图 6-4　直线梯段三维效果

6.1.2　弧线梯段

屏幕菜单命令：【建筑设施】→【弧线梯段】（HXTD）

本命令用于创建单段弧线形梯段，适合单独的弧线梯段或用于组合复杂的楼梯，还可以用于坡道的设计，尤其是办公楼和酒店入口处的机动车坡道。

弧线梯段的操作与直线梯段相似，部分选项和参数的含义也基本相同。【弧线梯段】对话框如图 6-5 所示，输入楼段各部位的相关参数后，在左侧窗口实时显示梯段的平面样式，箭头指向为梯段上行方向。

图 6-5　【弧线梯段】对话框

【弧线梯段】对话框部分选项和操作解释（图 6-6）：

1）【内半径】是指弧线梯段的内缘到圆心的距离。

2）【外半径】是指弧线梯段的外缘到圆心

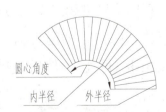

图 6-6　【弧线梯段】部分参数含义

的距离。

3)【圆心角度】是指弧线梯段的起始边和终止边的夹角。

6.1.3 异型梯段

屏幕菜单命令:【建筑设施】→【异型梯段】(YXTD)

本命令以用户给定的直线或弧线作为梯段的两侧边线,在对话框中输入踏步参数生成形状多变的梯段。异型梯段除了两侧边线为直线或弧线,并且两个边线可能不对齐外,其余参数与直线梯段一样。

命令交互:

请点取梯段左侧边线（LINE/ARC）：

(点取作为梯段左侧边线的一根直线或圆弧)

请点取梯段右侧边线（LINE/ARC）：

(点取作为梯段右侧边线的另一根直线或圆弧)

回应完命令行的提示后,系统弹出如图 6-7 所示的参数对话框,其选项和参数与【直线梯段】对话框基本相同。设置参数后,单击【确定】按钮完成异型梯段的创建。

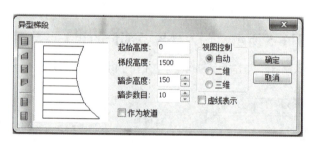

图 6-7 【异型梯段】对话框

异型梯段创建完成之后,同样可以双击异型梯段进入【异型梯段】对话框,修改参数之后单击【确定】按钮,完成对异型梯段的修改。

利用【异型梯段】可以组合出结构复杂的组合梯段,图 6-8 中的过河小桥是一个典型的组合梯段实例,两端采用异型梯段,中间用平板对象过渡,添加了三段扶手(两组),然后连接扶手加上栏杆生成(添加扶手和栏杆将在后续内容中介绍)。

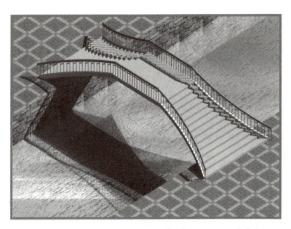

图6-8 由异型梯段组合成的过河小桥

6.1.4 双跑楼梯

屏幕菜单命令：【建筑设施】→【双跑楼梯】（SPLT）

双跑楼梯是一种最常见的楼梯形式，是由两个直线梯段、一个休息平台、一个或两个扶手和一组或两组栏杆构成的自定义对象，具有二维视图和三维视图。双跑楼梯一次分解后，将变成组成它的基本构件，即直线梯段、平板和扶手、栏杆等。

双跑楼梯通过使用对话框中的相关控件和参数，能够变化出多种形式，如两侧是否有扶手和栏杆、梯段是否需要边梁、休息平台的形状等。选取【双跑楼梯】命令后，系统弹出【双跑平行梯】对话框（图6-9），其中大部分选项和参数的含义与【直线梯段】相同。

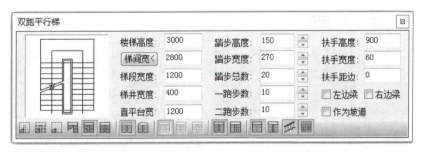

图6-9 【双跑平行梯】对话框

【双跑平行梯】对话框部分选项和操作解释：

1)【梯间宽】是指双跑楼梯的总宽，可以在图中量取楼梯间的净宽作为双跑楼梯的总宽。

2)【梯井宽度】是指双跑楼梯梯段之间的间隙距离。

3)【直平台宽】是指与踏步方向垂直的休息平台的宽度,对于圆弧平台而言等于平直段宽度。

4)【一跑步数】是指第一梯段的踏步数。

5)【二跑步数】是指第二梯段的踏步数,【一跑步数】和【二跑步数】的数值之和始终等于【踏步总数】的数值。

6)【扶手高度】扶手默认为"60×100"的矩形,扶手高度默认为900mm。

7)【扶手距边】是指扶手边缘到梯段边缘的距离。

8)勾选【作为坡道】,双跑楼梯按坡道生成。

【双跑平行梯】对话框底部图标(图6-10)从左至右分别为:

1)二维视图的样式控制区。

2)休息平台的形式控制区。

3)一跑步数、二跑步数不均等时梯段的对齐方式控制区。

4)上楼位置选择控制区。

5)扶手位置和栏杆选项控制区。

图6-10 【双跑平行梯】对话框底部图标

在此只重点介绍一跑步数、二跑步数不均等时梯段的对齐方式,如图6-11所示。

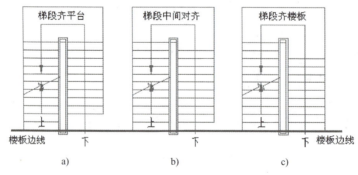

图6-11 一跑步数、二跑步数不均等时梯段的对齐方式
a)两梯段对齐到平台 b)两梯段中间对齐 c)两梯段对齐到楼板

双跑楼梯的绘制方式有两种:固定宽度和两点定宽,可在命令行中切换。其

中，两点定宽是指固定梯井宽度不变，插入时选取的第 1 点和第 2 点决定梯间总宽。

6.1.5 多跑楼梯

屏幕菜单命令：【建筑设施】→【多跑楼梯】(DPLT)

本命令用于创建由梯段开始，以梯段结束，梯段和休息平台交替布置且各梯段方向自由的多跑楼梯。选取【多跑楼梯】命令后，系统弹出【多跑梯段】对话框，如图 6-12 所示。

图 6-12 【多跑梯段】对话框

在【多跑梯段】对话框弹出后，首先在对话框下方的图标中确定绘制楼梯的楼层形式、采用左定位还是右定位、扶手位置以及是否需要生成栏杆。设置好各选项和参数后，命令行提示：

输入起点或【选择路径（S）】<退出>：

（选取多跑楼梯的起点，即第一跑梯段的起点）

输入梯段的终点<退出>：

（选取第一跑梯段的终点，同时也是第一个休息平台的起点，继续拖动多跑梯段进行预览）

输入休息平台的终点或【撤销上一梯段（U）】<退出>：

（选取第一个休息平台的终点，同时也是第二跑梯段的起点，继续拖动多跑梯段进行预览）

如此，在梯段和平台之间交替绘制，直到把对话框中已经设置好的多跑楼梯的最后一个梯段绘制完毕为止。在命令行提示中如果回应"【选择路径（S）】"，则按图中选取的多段线作为多跑楼梯生成的路径。

利用【多跑楼梯】命令可以创建多种常见的楼梯形式，如直线三跑、L 形两跑、直线两跑、U 形三跑、Z 形两跑等，如图 6-13 所示。多跑楼梯的休息平台是自动确定的，休息平台的宽度与梯段宽度相同，休息平台的形状由基线决定。因此，创建多跑楼梯的关键是确定基线的顶点。基线的顶点数目为偶数，即梯段数目的两倍。

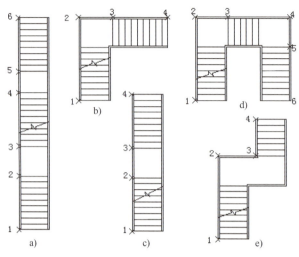

图 6-13　多跑梯段的常见形式

a）直线三跑　b）L 形两跑　c）直线两跑　d）U 形三跑　e）Z 形两跑

6.1.6　其他楼梯

屏幕菜单命令：【建筑设施】→【其他楼梯】（QTLT）

执行本命令系统将弹出如图 6-14 所示的对话框。通过对各选项和参数进行设置，可快速构建三折楼梯、双分平行楼梯、双分转角楼梯、交叉防火楼梯、剪刀防火楼梯、三跑楼梯、双跑楼梯、双跑直楼梯和三角楼梯等复杂形态的楼梯，如图 6-15 所示。

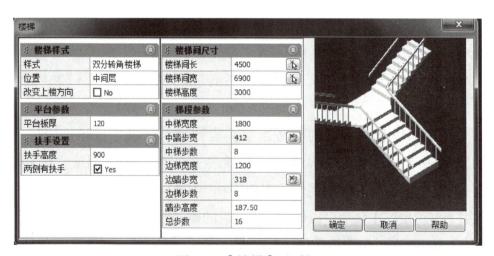

图 6-14　【楼梯】对话框

项目 6　创建楼梯及建筑设施

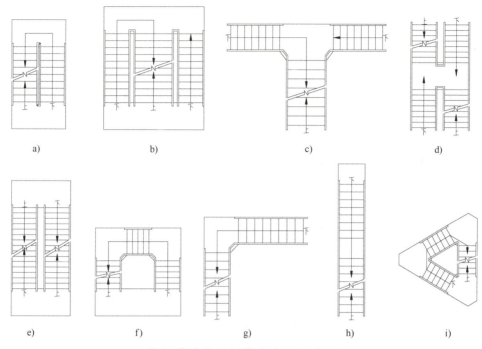

图 6-15　执行【其他楼梯】命令后构建的不同楼梯

a）三折楼梯　b）双分平行楼梯　c）双分转角楼梯　d）交叉防火楼梯　e）剪刀防火楼梯
f）三跑楼梯　g）双跑楼梯　h）双跑直楼梯　i）三角楼梯

任务 6.2　创建楼梯附件

【双跑楼梯】和【多跑楼梯】这两种完整的楼梯生成模式，扶手和栏杆都可以随梯段同时生成。但是，对于由【直线梯段】【弧线梯段】【异型梯段】三种模式单独创建的楼梯，或由这些单一梯段通过组合而成的复杂楼梯，扶手和栏杆还需利用专用工具再次生成。

6.2.1　创建扶手

屏幕菜单命令：【建筑设施】→【添加扶手】（TJFS）

本命令能够以多段线、直线、圆弧、圆为路径基线创建常用的扶手，并能够识别梯段的边线作为路径，生成与梯段具有相同倾角的扶手。在二维视图中，梯段上的扶手既可以按照投影规律

图 6-16　【添加扶手】对话框

101

遮挡梯段，也可以被梯段的剖切线剖断。【添加扶手】对话框（图 6-16）给出了扶手的相关参数。

【添加扶手】对话框选项和操作解释：

1)【宽度】是指扶手矩形截面的宽度，其高度的默认值为 120mm。

2)【高度】对于梯段而言是指踏步中线处扶手顶面距踏步面的高度。

3)【距边】仅对梯段有效，是指扶手外边缘距梯段边缘的距离。

4)【对齐】命令的对齐方式有扶手的左边线或内边线作为基线、扶手的中线作为基线，以及扶手的右边线或外边线作为基线。

5)【删除路径曲线】是指生成扶手的同时删去作为基线的路径曲线。

6)【自动计算标高】是指生成扶手的同时，根据扶手位置的梯段或平台板自动计算标高。

通过上述基线的对齐方式可以理解扶手的方向性：对于直线而言，基线的绘制起点就是扶手的第一顶点，其他顶点依此类推；对于圆和圆弧，从起点开始按逆时针类推。

6.2.2 修改扶手

扶手创建后，可以双击扶手启动【扶手编辑】对话框进行修改。【扶手编辑】对话框比【添加扶手】对话框提供了更多的编辑手段，不仅可以修改扶手的截面形状、尺寸、对齐方式，还可以对扶手进行顶点编辑，如图 6-17 所示。

图 6-17 【扶手编辑】对话框

【扶手编辑】对话框选项和操作解释：

1)【形状】是指扶手的形状，有方形、圆形和栏板可供选择。

2)【尺寸】显示了截面尺寸数据，可根据需要对默认数据进行修改。

3)【对齐】仅对以多段线、直线、圆弧、圆作为基线时起作用。其中，对于多段线和直线，以二者的绘制前进方向为基准方向；对于圆弧和圆，以内为左、外为右。

4)【顶点】通过【加顶点】【删顶点】【改顶点】3个按钮,可以对扶手顶点进行修改,单击其中任意一个,命令行会有相应的提示,可对顶点进行操作。

6.2.3 连接扶手

屏幕菜单命令:【建筑设施】→【连接扶手】(LJFS)

【连接扶手】命令是指把彼此不相连的扶手连接起来成为一个整体扶手。如果要连接的两段扶手样式不同,扶手连接时将以第一段为准。两个扶手相连可以顺序单选或框选,两个以上扶手相连按选取的顺序相连接;彼此端部相接的两个扶手可直接相连,除此之外的两个扶手连接,应在最近的两个端点之间补充一段直扶手,将两个扶手连接起来。

图 6-18 所示为阳台扶手的连接,连接时需依次选取 1、2、3、4、5 各段,连接后的结果如图 6-18b 所示。

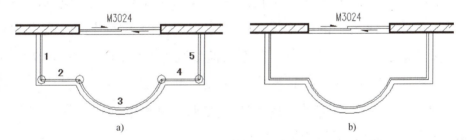

图 6-18 阳台扶手的连接示意

6.2.4 添加栏杆

右键菜单命令:〈选中扶手〉→【添加栏杆】(TJLG)

【添加栏杆】命令本质上就是【路径排列】命令(参见项目 12 内容),中望建筑 CAD 用此命令来表示栏杆。本命令操作步骤:

1)启动【图库管理】命令。

2)从"专用图库"中打开栏杆库,选择一个栏杆单元插入图中(也可以用其他手段构造栏杆单元)。

3)可用鼠标右键的【对象编辑】命令修改栏杆单元的尺寸。

4)选中扶手对象后用鼠标右键启动【添加栏杆】命令来构造楼梯栏杆。

6.2.5 楼梯平台板

中望建筑 CAD 并没有专用的楼梯平台板对象，而是使用通用的平板对象作为楼梯平台板，平板的创建路径为【三维工具】→【平板】。为了更好地进行图层管理，建议用户在创建平板时尽量把楼梯平台板放在楼梯图层里。

任务 6.3　创建其他设施

6.3.1　电梯

屏幕菜单命令:【建筑设施】→【电梯】(DT)

本命令可在电梯间的墙体上加入电梯门，在井道内绘制电梯简图。电梯由轿厢、平衡块和电梯门组成，其中轿厢和平衡块用矩形对象（参见项目 12 内容）来表示，电梯门是用门窗对象（参见项目 5 内容）来表示的。

电梯绘制的条件是电梯间已经构成，且为一个闭合区域。电梯间一般为矩形，在弧形和圆形建筑中的电梯间可能为扇形，此时电梯井道的宽度为开门侧墙长，电梯井道的深度为扇形高。在【电梯参数】对话框中（图6-19），可设定电梯类别、载重量、门形式、轿厢宽、轿厢深和门宽等参数。其中，电梯类别分别有客梯、住宅梯、医院梯、货梯四种类别，每种电梯形式均有已设定好的各自的设计参数，确定后即完成电梯的绘制。

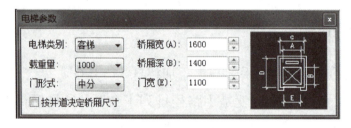

图6-19　【电梯参数】对话框

命令交互:

请给出电梯间的一个角点或【参考点（R）】＜退出＞：

（选取电梯间内墙角作为第一角点）

再给出上一角点的对角点：

（选取第一角点的对角作为第二角点）

请点取开电梯门的墙线<退出>:

(选取一段墙线)

请点取平衡块的所在的一侧<退出>:

(选取平衡块所在的一侧的墙线)

请点取其他开电梯门的墙线<无>:

(选取开电梯门的另一段墙体)

按<Enter>键结束后,即在指定位置绘制电梯图形。

用户还可考虑用中望建筑CAD提供的矩形对象绘制轿厢和平衡块(图6-20),绘制后置于电梯图层上,再插入"推拉门"中的专用电梯门。用此方法绘制电梯更加灵活,比如单一井道内设多台电梯,或者电梯井形状不规则等情况。

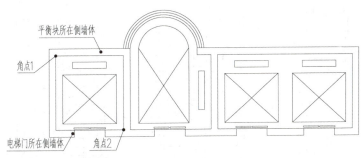

图6-20 用矩形对象绘制电梯

6.3.2 自动扶梯

屏幕菜单命令:【建筑设施】→【自动扶梯】(ZDFT)

本命令可以绘制单台或双台自动扶梯,本命令只创建二维扶梯图形,对三维和立面图、剖面图操作不起作用。【自动扶梯】对话框如图6-21a所示,自动扶梯样式如图6-21b~d所示。

【自动扶梯】对话框部分选项和操作解释:

1)【梯级宽】是指扶梯阶梯的宽度,一般由生产厂家确定。

2)【旋转角】是指扶梯基线相对于X轴正向的夹角。

3)【平台长】是指扶梯两端水平部分的长度。

4)【倾斜角】是指扶梯相对于水平面的倾斜角度,一般有27.3°、30°和35°三种。

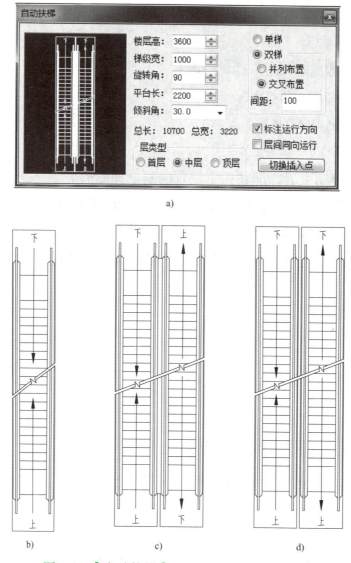

图6-21 【自动扶梯】对话框及自动扶梯样式

a)【自动扶梯】对话框 b)单排 c)双排并列 d)双排交叉

6.3.3 阳台

屏幕菜单命令:【建筑设施】→【阳台】(YT)

本命令专门用于绘制各种形式的阳台,自定义对象阳台同时提供二维和三维视图。本命令提供四种绘制方式,有梁式与板式两种阳台类型。阳台的栏板可以用鼠标右键的【栏板切换】命令控制增加还是减少数量。

单击【阳台】命令在对话框中确定阳台类型和绘制方式后,便可进行阳台的设计,如图6-22所示。

项目 6　创建楼梯及建筑设施

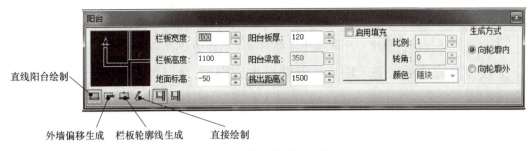

图 6-22　【阳台】对话框

图 6-22 对话框底部的阳台绘制方式图标说明如下：

1. 直线阳台绘制

本方式用阳台的起点和终点控制阳台长度，用挑出距离确定阳台宽度。本方式适合绘制直线形阳台。阳台挑出距离可从图中量取或自行输入，绘制过程中可进行预览，如果阳台生成位置反了，可用 <F> 键翻转。

2. 外墙偏移生成

本方式用阳台的起点和终点控制阳台长度，按墙体向外的偏移距离作为阳台宽度来绘制阳台。本方式适合绘制阳台栏板形状与墙体形状相似的阳台。采用外墙偏移生成方式生成的阳台平面图如图 6-23 所示，生成的阳台有边线和顶点两种夹点，可用来拖拽编辑。

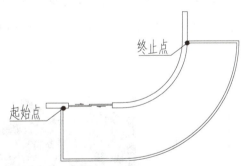

图 6-23　采用外墙偏移生成方式生成的阳台平面图

3. 栏板轮廓线生成

采用本方式绘制阳台，要预先准备好一根代表栏板外轮廓的多段线，两个端点必须与外墙线相交。本方式适用于绘制复杂形式的阳台。

命令交互：

选择平台轮廓<退出>：

（选取已经准备好的一根代表栏板外轮廓的多段线）

107

选择经过的墙：

（选择与阳台相关的墙体，不要选择可能影响系统判断的多余墙体）

上述命令完成后，按 <Enter> 键即可生成阳台，同样可采用阳台特性夹点进行拖拽编辑。

4. 直接绘制

本方式依据外墙直接绘制阳台，适用范围比较广，可创建直线阳台、转角阳台、阴角阳台、凹阳台和弧线阳台（也可创建直弧阳台）。

命令交互：

起点或【参考点（R）】<退出>：

（在外墙上准备生成阳台的那一侧选取阳台起点）

直段下一点【弧段（A）/回退（U）】<结束>：

（选取阳台的第一个转折点）

直段下一点【弧段（A）/回退（U）】<结束>：

（继续选取阳台的转折点，或回应"A"转换成弧段）

直段下一点【弧段（A）/回退（U）】<结束>：

（继续选取阳台的转折点，直到终点。终点必须交在墙体外缘上，按 <Enter> 键结束）

图 6-24 所示的直接绘制阳台平面图，栏板轮廓的每个转折点都要选取，对应命令行提示的"下一点"，终点选取结束后按 <Enter> 键生成。直接绘制阳台三维图如图 6-25 所示。

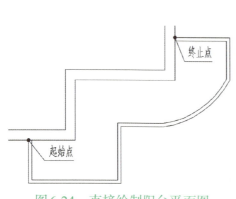

图 6-24　直接绘制阳台平面图

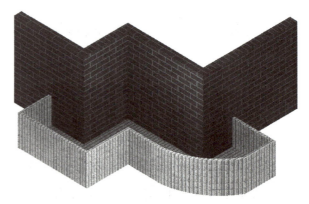

图 6-25　直接绘制阳台三维图

中望建筑 CAD 中的【阳台】命令支持敞开和封闭两种类型，【阳台】命令直接绘制的是敞开式，可以在特性表中设置为封闭式。设置成封闭式后阳台上生出阳台窗，利用【窗棂展开】和【窗棂映射】命令可为其设计窗棂。此外，在特性表中可添加窗编号，支持统计到门窗表中。

6.3.4 台阶

屏幕菜单命令：【建筑设施】→【台阶】(TJ)

本命令提供多种手段创建台阶，既可创建上行台阶，也可创建下行台阶。台阶的绘制方法与阳台绘制相似，【台阶】对话框如图 6-26 所示。

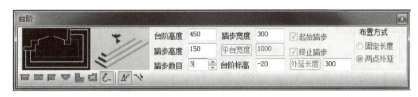

图 6-26 【台阶】对话框

【台阶】对话框选项和操作解释：

1)【台阶高度】是指台阶总高度。

2)【踏步高度】是指每个踏步的高度，踏步高度只能等高。

3)【踏步数目】是指由台阶高度和踏步高度计算出的踏步数目，必须为整数。

4)【踏步宽度】是指踏步平台的水平宽度。

5)【平台宽度】(【平台长度】) 面对着门时，左右方向为长度，前后方向为宽度。此数值可在图中取宽。

6)【台阶标高】是指台阶平台的标高，上行台阶为顶平台标高，下行台阶则是底平台的标高。

7)【起始踏步】【终止踏步】选项只对"沿墙异型台阶"模式有效，表示台阶首尾两端是否建造踏步。

本命令提供七种创建台阶的模式，如图 6-27 所示。各种台阶创建模式的说明如下：

1) 矩形单面台阶适用于平直墙体，只有台阶正面有踏步，在图 6-26 所示对话框中设置有关参数，直接生成。

2) 矩形三面台阶适用于平直墙体，台阶三面都有踏步，在图 6-26 所示对话框中设置有关参数，直接生成。

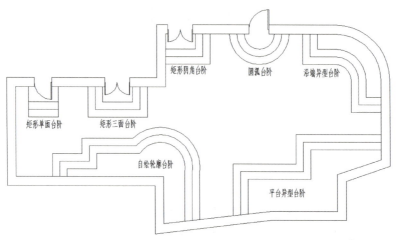

图6-27 台阶的七种创建模式图例

3）矩形阴角台阶是正交阴角专用，台阶两面有踏步，在图6-26所示对话框中设置有关参数，直接生成。

4）圆弧台阶适用于平直墙体，台阶踏步为一个圆弧，在图6-26所示对话框中设置有关参数，直接生成。

5）沿墙异型台阶适用于台阶平台形状与墙体一致的情况，在图中确定起始点和终止点，在图6-26所示对话框中设置有关参数，直接生成。

6）平台异型台阶适用于各种墙体，依赖预先准备好的多段线和墙体。

7）自绘轮廓台阶适用于各种墙体，用户在图中自绘平台轮廓线。

台阶作为自定义的构件对象，可以用夹点来编辑修改平台的轮廓形状。对于矩形单面台阶、矩形三面台阶、矩形阴角台阶和圆弧台阶，有移动平台和改平台尺寸两种夹点可用；对于沿墙异型台阶、平台异型台阶和自绘轮廓台阶，则有更改顶点位置和更改各边位置两种夹点可用。

> **注意：**
> 对于异型台阶，生成后利用鼠标右键中的【踏步切换】命令可删去某边的踏步。

6.3.5 坡道

屏幕菜单命令：【建筑设施】→【坡道】（PD）

本命令可绘制直线形单跑室外坡道,多跑、曲边与圆弧等复杂形状的坡道由前面介绍的任务 6.1 中的【作为坡道】命令创建完成。执行【坡道】命令弹出如图 6-28 所示【坡道设置】对话框。

图 6-28 【坡道设置】对话框

命令交互:

门口左侧<退出>:

(选取准备插入坡道的大门左侧墙体角点)

门口右侧<退出>:

(选取准备插入坡道的大门右侧墙体角点)

选取的门口左右侧两点只是插入方式的参考点,两点连线决定了插入方向,插入位置在两点连线的中点处。准确的位置调整可以用坡道的特征夹点进行拖拽实现。图 6-28 中的【坡顶标高】是指坡道最高点的标高,此参数确保坡道与门口竖向对齐。

坡道尺寸参数的对应关系如图 6-29 所示。通过图 6-28 所示对话框进行选项组合,共可生成八种形式的坡道,如图 6-30 所示。

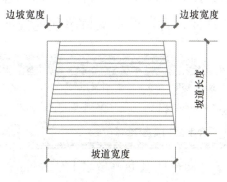

图 6-29 坡道尺寸参数的对应关系

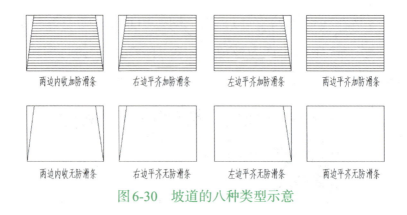

图 6-30 坡道的八种类型示意

6.3.6 雨篷

雨篷的形式有很多,其中公共建筑的雨篷形式往往非常复杂。中望建筑 CAD 没有提供专用的雨篷构造功能,用户可以用其他功能代替。简单的雨篷可以用【三维工具】下的【平板】和【路径曲面】等命令来构造,复杂的雨篷就要使用更多的功能来组合生成。

6.3.7 散水

屏幕菜单命令:【建筑设施】→【散水】(SS)

散水是用路径曲面对象来表示的,支持剪裁和夹点编辑。执行本命令后出现如图 6-31 所示对话框,本命令依据自动搜索整栋建筑物的外墙线,生成二维和三维一体化的散水。散水与阳台、台阶、坡道、墙体造型以及柱子有智能遮挡关系,当这些对象与散水重叠或交叉时将自动遮挡掉散水线。此外,散水还支持中望 CAD 的修剪和延伸,各段散水支持单独拖拽夹点改宽度。

图 6-31 【创建散水】对话框

【创建散水】对话框选项和操作解释:

1)【室内外高差】是指室内地面与室外地坪标高之差,通常散水的底面落在室外地坪上。

2)【偏移外墙皮】是指散水外缘到外墙外缘的距离,即散水水平宽度。

3)【伸缩缝宽度】:搜索外墙线时,跨过伸缩缝生成散水,本参数设置跨过的宽度。

4)【创建室内外高差平台】是指首层地面的室内外高差平台,一般在外墙墙身的底部形成勒脚,适用于无地下室的房屋。该平台为平板对象,可双击对其进行编辑。

如果有地下室或首层各房间地面标高不同时(车库的地面常比其他房间要低),则不适合用本命令来构造,而应当改外墙底标高使墙体下延,参见项目 4 介绍的【改外墙高】命令。添加散水平面图和散水的三维视图分别如图 6-32、图 6-33 所示。

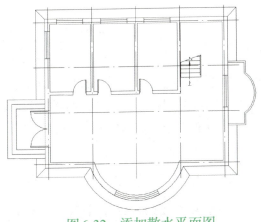

图 6-32 添加散水平面图

图 6-33 散水的三维视图

项目 7　创建与绘制屋顶

本项目内容包括

■ 认识屋顶对象

■ 创建屋顶

● 任务目标

通过对本项目的学习，掌握以下技能与方法：
1. 学会使用中望 CAD 建筑版软件创建屋顶。
2. 能够熟练掌握老虎窗、歇山屋顶的创建与编辑命令。

● 任务内容

屋顶除了起建筑物顶部的围护作用外，还是建筑风格的重点表现部位，是业主和建筑师都十分重视的设计环节。中望 CAD 建筑版软件提供了多种三维屋顶造型功能，有人字坡顶、多坡屋顶、歇山屋顶和攒尖屋顶等。用户也可利用中望建筑 CAD 的三维造型工具自建其他形式的屋顶，如用平板对象和路径曲面对象相结合构造带有复杂檐口的平屋顶，利用路径曲面构建曲面屋顶等。各种类型的屋顶均为自定义对象，支持【对象编辑】【特性编辑】【夹点编辑】等命令，部分类型的屋顶还支持【布尔编辑】命令。学习完本项目，要求能正确使用中望 CAD 建筑版软件进行屋顶的创建。

● 实施条件

1. 台式计算机或笔记本电脑。
2. 中望 CAD 建筑版软件。

任务 7.1　认识屋顶对象

屋顶有关的对象类型包括标准坡顶（SWR_STDROOF）、多坡屋顶（SWR_SLOPEROOF）和老虎窗（SWR_DORMER）。其中，标准坡顶又包括人字坡顶、歇山屋顶和攒尖屋顶三种形式。对于人字坡顶，还支持特例情况，即单坡屋顶，屋脊线和一侧边界重合即可。老虎窗又包括双坡、三角坡、平顶坡、梯形坡和三坡共计五种形式，老虎窗对象比较复杂，包括了局部屋顶、墙和窗。

对于这些屋顶对象，可以使用【特性编辑】命令来设置细节特征，例如图层的细分、脊瓦特性等。

任务 7.2　创建屋顶

7.2.1　生成屋顶线

屏幕菜单命令：【屋顶】→【搜屋顶线】（SWDX）

本命令搜索整栋建筑物的所有墙线，按外墙的外缘边界生成屋顶平面轮廓线。屋顶线在属性上为一个闭合多段线，即可以作为屋顶轮廓线加以细化，绘制出屋顶的平面施工图，也可以用于构造屋顶的辅助边界或路径。本命令操作步骤：

1）选择组成完整建筑体的所有墙体，系统自动判断建筑外轮廓。

2）确定生成的封闭多段线偏移出建筑轮廓的距离，默认 600mm，正值向外、负值向内。

7.2.2　人字坡顶

屏幕菜单命令：【屋顶】→【人字坡顶】（RZPD）

本命令以闭合多段线为边界，按给定的屋脊位置生成标准的人字坡屋顶。屋顶坡面的坡度可输入角度或坡度，可以指定屋脊的标高值（图 7-1）。由于允许两坡檐口具有不同的底标高，因此本命令使用屋脊标高来确定屋顶的标高。本命令操作步骤：

图 7-1 【人字坡顶】对话框

1）准备一封闭多段线，或利用【搜屋顶线】生成的屋顶线作为人字坡顶的边界。

2）执行命令，在对话框中输入参数，在图中选取多段线。

3）分别选取屋脊线的起点和终点，如选取边线则为单坡屋顶。

理论上只要是闭合的多段线就可以生成人字坡顶，用户既可以依据屋顶的设计需求确定边界的形式，也可以在生成屋顶后再使用【布尔编辑】命令制作边界更复杂的屋顶，如图 7-2 所示。

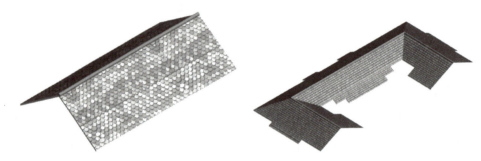

图 7-2　人字坡顶三维效果

7.2.3　多坡屋顶

屏幕菜单命令：【屋顶】→【多坡屋顶】（DPWD）

本命令由任意形状的封闭多段线生成指定坡度的坡形屋顶，既可采用【对象编辑】命令单独修改每个边坡的坡度，也可采用【限制高度】命令切割顶部为平顶形式。本命令操作步骤：

1）准备一个封闭多段线，或利用【搜屋顶线】生成的屋顶线作为屋顶的边线。

2）执行命令，图中选取多段线。

3）给出屋顶每个坡面的等坡坡度或接受默认坡度，按 <Enter> 键生成。

4）图中选中生成的多坡屋顶，单击鼠标右键【对象编辑】命令进入【坡屋顶】对话框（图 7-3a），进一步编辑坡屋顶的每个坡面，还可以通过屋顶的夹点修改边界。

 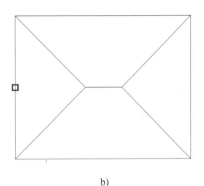

a)　　　　　　　　　　　　　　b)

图 7-3　【坡屋顶】对话框

在【坡屋顶】对话框中，列出了屋顶边界的边号和对应坡面的几何参数。单击对话框电子表格中某编号的一行时，图 7-3 中对应的边界用一个红圈实时响应（图 7-3b），表示当前处理对象是这个坡面。用户可以逐个修改坡面的坡角或坡度，修改完后单击【应用】按钮使其生效。【全部等坡】能够将所有坡面的坡度统一为当前的坡面。坡屋顶的某些边可以指定坡角为 90°，这对于矩形屋顶，则表示双坡屋面的情况。

选中对话框中【限定高度】按钮前的复选框，可以根据给定的高度将屋顶在该高度上切割成平顶，限高前后的效果如图 7-4 所示。

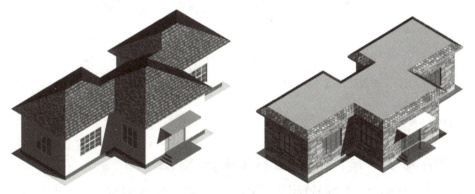

图 7-4　多坡屋顶限定高度后成为平屋顶

7.2.4　拉伸屋顶

屏幕菜单命令：【屋顶】→【拉伸屋顶】（LSWD）

由折线或复合折线构成的屋顶称为拉伸屋顶【曼莎屋顶】，这类屋顶是断面轮廓较复杂的折线类屋顶，可以用多段线预先绘制出屋顶的断面轮廓，然后利用【拉伸屋顶】命令拾取屋顶的断面轮廓线，根据给定的屋顶基线通过拉伸生成屋顶。

命令交互：

选择屋顶轮廓<退出>：

（拾取屋顶断面轮廓线）

点取定位基点<退出>：或 [参考点(R)]<退出>：

（给定基点）

点取屋顶基线第一点<退出>：或 [参考点(R)]<退出>：

（拾取屋顶基线的第一个定位点）

点取屋顶基线第二点或 [标高(Z)/反转(X)]<退出>：

（拾取屋顶基线的第一个定位点）

随着屋顶基线第二点的拾取完成，拉伸屋顶生成就结束了，如图7-5所示。

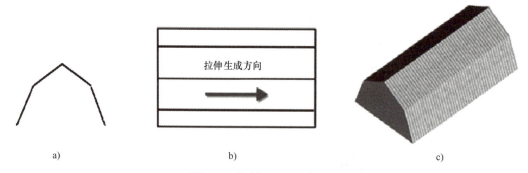

图7-5 拉伸屋顶生成步骤

a）屋顶轮廓线　b）拉伸生成的屋顶　c）生成屋顶的三维效果

7.2.5 建斜屋顶

屏幕菜单命令：【屋顶】→【建斜屋顶】（JXWD）

本命令根据给定的屋面轮廓线各角点的标高，生成斜屋顶。

命令交互：

选择闭合PL线<退出>：

（选择屋顶轮廓线）

选择点指定该点处标高 <退出>:

该点标高:<0>:

(按 <Enter> 键确认该角点标高为"0")

选择点指定该点处标高 <退出>:

该点标高:<0>:1000

(键盘输入该角点标高为"1000")

选择点指定该点处标高 <退出>:

该点标高:<0>:2000

(键盘输入该角点标高为"2000")

生成的斜屋顶三维效果如图 7-6 所示。

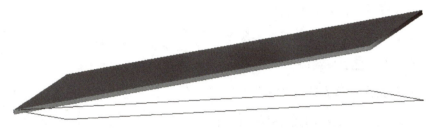

图 7-6　斜屋顶三维效果

7.2.6　歇山屋顶

屏幕菜单命令:【屋顶】→【歇山屋顶】(XSWD)

本命令按对话框给定的参数,用鼠标拖动,在图中直接建立歇山屋顶。【歇山屋顶】对话框如图 7-7 所示,相关参数的意义如图 7-8 所示。

【歇山屋顶】对话框选项和操作解释:

1)【檐标高】是指檐口上沿的标高。

2)【屋顶高】是指屋脊到檐口上沿的竖向距离。

图 7-7　【歇山屋顶】对话框

3)【歇山高】是指歇山底部到屋脊的竖向距离。

4)【主坡度】是指屋面主坡面的坡角,可选择【角度】或【坡度】。

5)【侧坡度】是指屋面侧坡面的坡角,可选择【角度】或【坡度】。

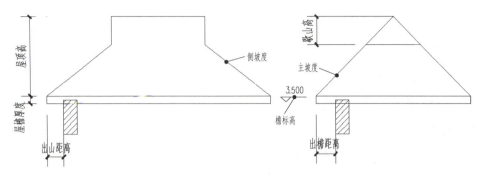

图7-8 【歇山屋顶】对话框参数的意义

命令交互：

点取主坡的左下角点<退出>：

（选取主坡的左下角，位置如图7-9所示）

点取主坡的右下角点<退出>：

（选取主坡的右下角，位置如图7-9所示）

点取侧坡角点<退出>：

（选取侧坡的角点，位置如图7-9所示）

歇山屋顶的三维效果如图7-10所示。

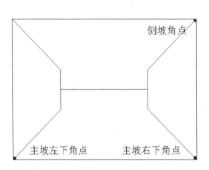

图7-9 创建歇山屋顶时选取的参考点示意

图7-10 歇山屋顶的三维效果

7.2.7 攒尖屋顶

屏幕菜单命令：【屋顶】→【攒尖屋顶】（CJWD）

本命令可以依据给定的参数生成对称的攒尖屋顶。

攒尖屋顶一般是在下部墙体确定之后再进行设计，绘制屋顶时只需按要求输入参数，然后在拖动的同时就可预览攒尖屋顶，单击鼠标左键确定中心点位置后即可生成。攒尖屋顶的三维效果如图7-11所示。

7.2.8 老虎窗

屏幕菜单命令：【屋顶】→【加老虎窗】（JLHC）

本命令可在三维屋顶坡面上生成参数化的老虎窗对象。老虎窗依附于屋顶而存在，所以必须先创建屋顶才能够在其上加入老虎窗。加老虎窗时，根据移动光标的位置，系统自动确定老虎窗的方向和标高。在屋顶坡面选取放置位置后，系统插入老虎窗并自动求出与屋顶的相贯线，并删掉相贯线以下部分的实体。注意，门窗表的统计包含老虎窗在内。

图 7-11　攒尖屋顶的三维效果

【老虎窗】对话框如图 7-12 所示，对话框左侧为老虎窗示意图，右侧为对应的参数输入编辑框。【老虎窗】对话框选项和操作解释：

图 7-12　【老虎窗】对话框

1)【型式】：本对话框中有双坡、三角坡、平顶坡、梯形坡和三坡共计五种老虎窗类型。

2)【编号】是指老虎窗的编号，由用户给定。

3)【窗宽】是指老虎窗的小窗宽度。

4)【窗高】是指老虎窗的小窗高度。

5)【墙宽 A】是指老虎窗正面墙体的宽度。

6)【墙高 B】是指老虎窗侧面墙体的高度。

7)【坡高 C】是指老虎窗屋顶的高度。

8)【坡角度】是指坡面的倾斜坡度。

9)【墙厚】是指老虎窗墙体的厚度。

10)【檐板厚 D】是指老虎窗屋顶檐板的厚度。

11)【出檐长 E】是指老虎窗侧面屋顶伸出墙外缘的水平投影长度。

12)【出山长 F】是指老虎窗正面屋顶伸出山墙外缘的长度。

图 7-13 是老虎窗的二维和三维效果图。必须指出的是，上述有些参数对于某些类型的老虎窗来说没有意义，因此被置为灰色（表示无效）。

 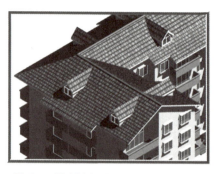

图 7-13　老虎窗的二维和三维效果图

7.2.9　插天窗

屏幕菜单命令：【屋顶】→【插天窗】（CTC）

本命令用于在人字坡顶和多坡屋顶上插入天窗，天窗的二维和三维效果图如图 7-14 所示。

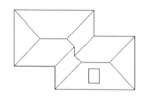 

图 7-14　天窗的二维和三维效果图

7.2.10　屋顶开洞

右键菜单命令：〈选中屋顶〉→【屋顶加洞】（WDJD）

右键菜单命令：〈选中屋顶〉→【屋顶消洞】（WDXD）

上述命令用于为人字坡顶和多坡屋顶开洞。

【屋顶加洞】：预先用闭合多段线绘制一个洞口水平投射轮廓线，系统以此轮廓线作为边界开洞。

【屋顶消洞】：单击洞体删去洞口，恢复屋顶原状。

屋顶开洞的二维和三维效果图如图 7-15 所示。

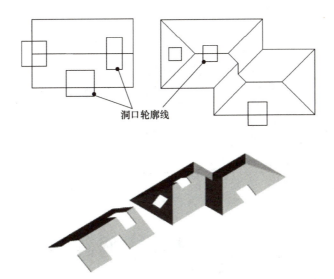

图7-15 屋顶开洞的二维和三维效果图

项目 8　创建与绘制房间

本项目内容包括

■ 认识房间对象

■ 创建房间

■ 使用面积工具

■ 设置卫浴布置

● 任务目标

通过对本项目的学习，掌握以下技能与方法：
1. 学会使用中望 CAD 建筑版软件创建房间。
2. 能够熟练掌握面积工具命令。
3. 能够熟练进行卫浴布置模块的创建管理。

● 任务内容

在进行房地产开发和建筑功能设计时，面积指标是一项非常重要的数据，中望 CAD 建筑版软件引入了房间对象功能，可以实现建筑面积的快速分析计算。房间对象功能包括房间对象的创建工具，以及房间面积、套内面积、阳台面积等面积工具。中望 CAD 建筑版软件还可以实现卫浴间各种洁具的布置以及洁具间隔断的生成功能。学习完本项目，要求能正确使用中望 CAD 建筑版软件进行房间的创建。

● 实施条件

1. 台式计算机或笔记本电脑。
2. 中望 CAD 建筑版软件。

任务 8.1　认识房间对象

中望建筑 CAD 中的房间对象对日常生活中的房间空间做了概念上的延伸，是一个广义的概念，它包含了房间的名称、编号、面积、有无地板等诸多信息。房间名称和房间编号是房间的标志，前者描述房间的功能，后者是房间具有唯一性的编号。为了图面的简洁，在二维视图上，房间编号和房间名称只能选择其中一个可见。

房间对象可以生成普通单个房间的净面积、楼层面积和由若干普通房间组成的一套单元住宅的套内面积。

任务 8.2　创建房间

8.2.1　批量创建

屏幕菜单命令：【房间】→【搜索房间】（SSFJ）

本命令可用来批量搜索、建立或更新已有的普通房间和建筑轮廓，建立房间信息并标注室内使用面积，标注位置自动置于房间的中心。如果用户编辑墙体改变了房间的逻辑边界，房间信息不会自动更新，可以通过再次执行本命令更新房间或拖动边界夹点保持和逻辑边界的一致性。对于复杂形状的边界改变，可以利用闭合多段线与房间对象的边界进行【布尔编辑】后获得新的边界。执行【搜索房间】命令后出现如图 8-1 所示对话框。

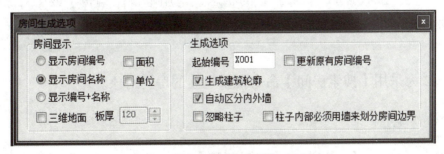

图 8-1　【房间生成选项】对话框

【房间生成选项】对话框选项和操作解释：

1)【显示房间名称】是指房间对象以名称方式显示。

2）【显示房间编号】是指房间对象以编号方式显示。

3）【面积】【单位】是指房间面积的标注形式，显示面积数值或面积加单位的组合。

4）【三维地面】【板厚】是指房间对象是否具有三维楼板，并表示楼板的厚度。

5）【更新原有房间编号】是指是否更新已有房间编号。

6）【生成建筑轮廓】是指是否生成整个建筑物的室外空间对象，即建筑轮廓。

7）【自动区分内外墙】是指自动识别和区分内外墙的类型。

8）【忽略柱子】是指房间边界不考虑柱子，以墙体为边界。

9）【柱子内部必须用墙来划分房间边界】是指当围合房间的墙只搭到柱子边而柱内没有墙体时，系统给柱内添补一段短墙作为房间的边界。建筑图纸尽量不要勾选此项，只有节能建模时才勾选此项。

> **注意：**
> 1）如果搜索的区域内已经有房间标志，则更新房间的边界，否则创建新的房间。
> 2）如果有多个外墙围合区域，即有多个建筑轮廓，则应当分别搜索。
> 3）对于敞口房间或具有逻辑分区的房间，如客厅和餐厅，可以用虚墙来分隔。
> 4）新创建的房间处于未命名的状态，请用【在位编辑】或【对象编辑】修改房间名称。

图 8-2 为采用【搜索房间】命令批量建立的房间对象。

8.2.2 逐个创建

屏幕菜单命令：【房间】→【房间面积】（FJMJ）

本命令既可以动态查询某个房间的面积，也可以在查询的同时创建房间对象，生成的房间对象与批量创建的一样。【房间面积】对话框如图 8-3 所示。

【房间面积】对话框选项和操作解释与【搜索房间】类似。

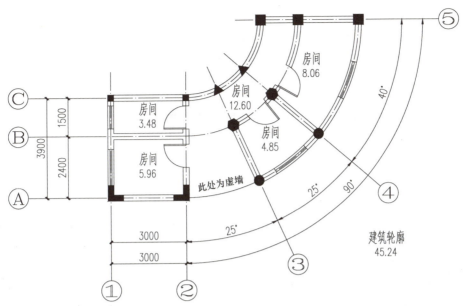

图8-2 采用【搜索房间】命令批量建立的房间对象

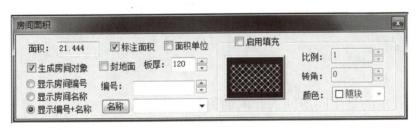

图8-3 【房间面积】对话框

> **注意:**
> 1) 选取命令后,将光标置于某个房间内,动态显示房间的面积。
> 2) 单击房间内,按对话框选择的内容生成房间对象。

8.2.3 创建套房

屏幕菜单命令:【房间】→【套内面积】(TNMJ)

本命令用于搜索围合单元套房的墙、柱、门窗,并可以生成套内房间对象,然后按照房产测量规范的要求自动计算分户单元的套内面积。该面积以墙中线计算,选择墙体时应只选择该户套房的墙体。本命令须在【搜索房间】命令后执行,以便正确识别户墙。【套内面积】对话框如图8-4所示。

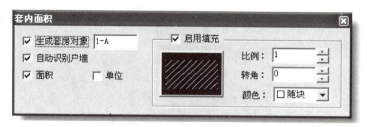

图 8-4 【套内面积】对话框

注意：

1）如不勾选【生成套房对象】，则系统只在命令行输出单元套内面积的数据。

2）如勾选【生成套房对象】，则在套房边界的区域内生成套房对象。

3）如勾选【启用填充】，则套房对象区域用填充样式进行填充，该填充样式可在图案填充库中挑选。

4）本命令生成的套内面积不包括阳台面积，封闭阳台可视为房间用墙体和插窗绘制。

图 8-5 展示的是不同房间的套内面积和楼梯间面积。

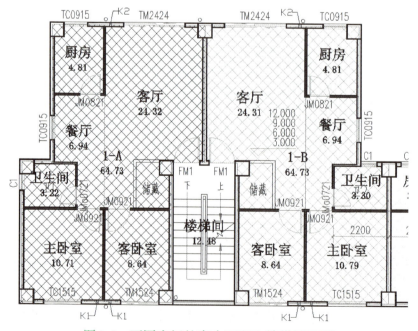

图 8-5　不同房间的套内面积和楼梯间面积

8.2.4 阳台面积

屏幕菜单命令：【房间】→【阳台面积】(YTMJ)

本命令是计算阳台面积的专用工具，面积计算有全算和折半两种模式，启动命令后根据提示选择阳台即可。

命令交互：

是否按一半计算面积？[是 (Y) / 否 (N)]<N>：

[回应选项 (N) 则计算阳台全面积，回应选项 (Y) 则计算阳台半面积]

选择阳台 < 退出 >：

(选择需计算面积的阳台)

请点取标注位置 (面积 =9.00393m^2)< 不标 >：

(直接按 <Enter> 键则不标面积，鼠标选取标注位置则标注阳台面积)

任务 8.3 使用面积工具

8.3.1 设面积层

屏幕菜单命令：【房间】→【设面积层】(SMJC)

本命令用于设置有闭合多段线参与面积统计的面积计算，就是把闭合的多段线分别置于"建筑 - 面积 - 加全""建筑 - 面积 - 加半""建筑 - 面积 - 减全""建筑 - 面积 - 减半"图层，使这些闭合多段线与建筑轮廓和房间面积一起进行面积运算，统计出建筑物的各种面积指标。

8.3.2 面积统计

屏幕菜单命令：【房间】→【面积统计】(MJTJ)

本命令有两个分支命令，一个是【面积总表】，一个是【户型面积表】。

1.【面积总表】

本命令用于统计建筑总面积。

2.【户型面积表】

本命令一般用于统计居住建筑的房产面积，包括套内面积和公摊面积等。统计户型面积的前提是必须创建套内面积对象，面积以户型编号为统计单位。

对于跃层式户型面积的统计，请遵守如下规则：

1）整套户型中的各层户型编号必须同名。

2）跃层内二层以上的户型必须在【特性表】中设置"跃层上部：是"，注意首层不要设置为"是"。

8.3.3 曲线面积

屏幕菜单命令：【房间】→【曲线面积】（QXMJ）

本命令用于计算由闭合多段线、曲线以及椭圆围成的曲线面积，并进行标注。对于由其他线段构成的曲线区域，可间接求解，即先用【搜索轮廓】生成一个参考闭合多段线，再求曲线面积。绿化面积和水面面积用此方法求解十分方便。

8.3.4 面积累加

屏幕菜单命令：【房间】→【面积累加】（MJLJ）

本命令是一个累加器，可以同与面积有关的对象和数据配合使用，用于统计面积的总和。另外，其他数值型的文字也可以进行累加。执行本命令可以多选和框选，合计的结果可以用鼠标选取位置放置到图中。

任务 8.4　设置卫浴布置

8.4.1 洁具管理

屏幕菜单命令：【房间】→【洁具管理】（JJGL）

本命令是在卫生间或浴室中按选取的洁具类型的不同，智能布置卫生洁具等设施。中望建筑 CAD 中的洁具采用二维表现形式，凡是从图库调用的洁具都是建筑图块对象，其他辅助线采用了中望 CAD 的基本图元对象。

【洁具管理】对话框如图 8-6 所示，本对话框为专用的洁具管理器，界面与库图管理器大同小异，相关内容可参考项目 11。

1.【洁具管理】对话框中各区域名称

1）洁具预览区显示当前库内所有卫生洁具图块的幻灯片，用鼠标单击要选取的洁具图块的预览图片，被选中的图块将会呈现紫罗兰色，同时在洁具名称区内该项洁具名称会亮显。

2）洁具类别区显示洁具库的类别树状目录，其中黑体字形代表当前类别。

3）洁具名称区显示洁具库当前类别下的图块名称。

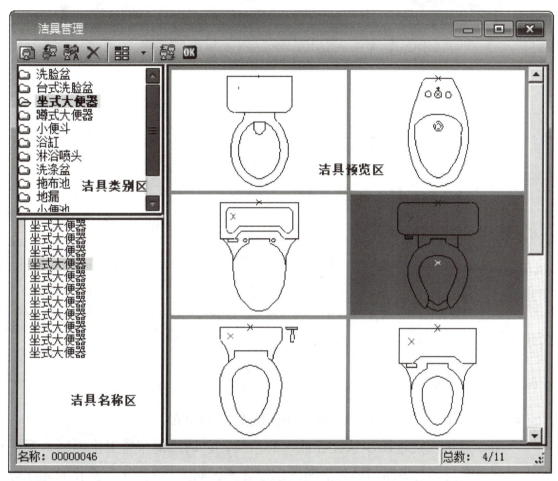

图8-6 【洁具管理】对话框

2. 布置方法

在【洁具管理】对话框中选取不同类型的洁具后，系统自动给出与该类型相适应的布置方法。在图8-6所示洁具预览区中双击所需布置的洁具，根据弹出的对话框（图8-7）和命令行提示在图中布置洁具。图8-8所示是台式洗脸盆和单体洗脸盆布置。

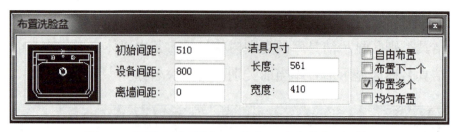

图8-7 布置方法示例——【布置洗脸盆】对话框

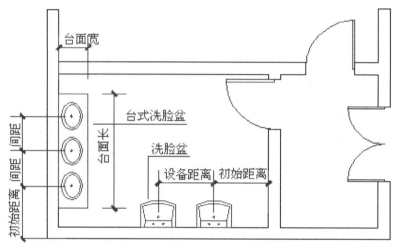

图8-8 台式洗脸盆和单体洗脸盆布置

8.4.2 卫生隔断

屏幕菜单命令：【房间屋顶】→【卫生隔断】(WSGD)

本命令通过两点连线串选已经插入的洁具，自动成批布置卫生隔断。系统给出了有隔断门和无隔断门两种隔断的创建方式，如图8-9所示。操作时先在对话框中设置参数，然后在图中选取两点，注意两点连线必须穿过所有需要隔断的洁具，最后系统自动成批布置卫生隔断。卫生隔断的隔板与门采用了墙体对象和门窗对象，均支持【对象编辑】进行修改。卫生隔断的应用如图8-10所示。

图8-9 【卫生隔断】对话框

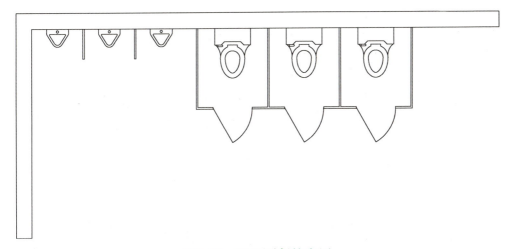

图8-10 卫生隔断的应用

项目 9　创建与绘制建筑立面图、剖面图

本项目内容包括

- 创建与绘制立面图
- 创建与绘制剖面图
- 使用剖面墙、梁辅助工具
- 使用剖面楼梯辅助工具
- 使用立面图、剖面图辅助工具

● 任务目标

通过对本项目的学习，掌握以下技能与方法：

1. 学会使用中望 CAD 建筑版软件创建建筑立面图、剖面图。

2. 能够熟练使用剖面墙、梁辅助工具命令。

3. 能够熟练使用剖面楼梯辅助工具命令。

● 任务内容

本项目介绍建筑剖面图、立面图的自动生成和人工绘制方法，包含了剖面墙体、剖面梁、剖面楼板等对象，以及中望 CAD 建筑版软件剖面自定义对象的特性表达。学习完本项目，要求能正确使用中望 CAD 建筑版软件进行建筑剖面图、立面图的创建。

● 实施条件

1. 台式计算机或笔记本电脑。

2. 中望 CAD 建筑版软件。

项目9 创建与绘制建筑立面图、剖面图

建筑设计师在绘制好一套建筑平面图之后,还需要绘制建筑立面图和剖面图,相关绘制思路为:

1)绘制立面图时要充分利用平面图的三维信息,平面图完成后执行【建楼层框】命令,由【建筑立面】生成框架草图,或由【局部立面】生成单层立面后再复制组装,最后利用中望建筑CAD和中望CAD提供的工具完善成图。

2)绘制剖面图时,剖面主体构件采用自定义对象,包括剖面墙(板)、剖面门窗、剖面梁、剖面楼梯、剖面造型和剖面轮廓等,这些自定义构件像平面图那样彼此遮挡的部分进行自动处理。剖面图可以从平面图直接剖切生成,或者用中望建筑CAD提供的剖面工具绘制。

任务9.1 创建与绘制立面图

立面生成功能依据【楼层表】或【楼层框】中给定的各层平面图之间的关系,系统采用三维投影消隐算法快速准确地生成立面图。生成的立面图中的门窗和阳台为图块形式,以便用图库中的其他样式进行替换。

9.1.1 建筑立面图

屏幕菜单命令:【立剖面】→【建筑立面】(JZLM)

本命令按照【楼层表】或【楼层框】建立的楼层关系,依据平面图中的三维信息,生成某个视向的整楼的建筑立面图。

下面以一个小别墅为例,详细介绍建筑立面图的生成操作步骤:

1)把如图9-1所示的3个平面图分别保存为3个不同的文件,把它们分别以1F、2F和3F的文件名保存在计算机桌面上的一个名为"小别墅"的文件夹里。

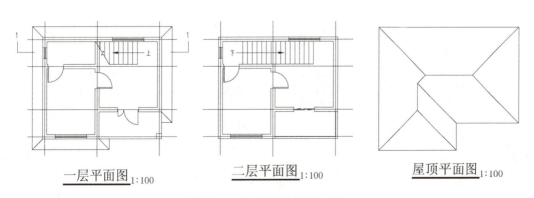

图9-1 小别墅各层平面图

2）打开一层平面图，选择【立剖面】→【建筑立面】选项。

3）根据命令行提示选择需要生成的立面方向，例如输入"F"生成正立面图。

4）选择需要显示在立面图上的轴线或直接按<Enter>键。

5）在系统弹出的【生成立面】对话框的电子表格栏里建立楼层信息，如图 9-2 所示，内外高差设为"150"，然后单击【确定】按钮。

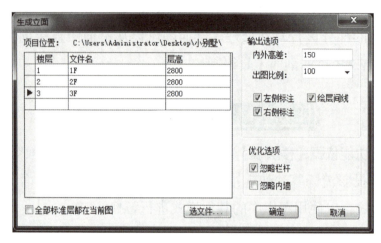

图 9-2 【生成立面】对话框

6）在弹出的【输入要生成的文件】对话框里输入文件名"正立面"，并选择保存路径，然后单击【保存】按钮。系统生成的小别墅的正立面图经过简单编辑后如图 9-3 所示。

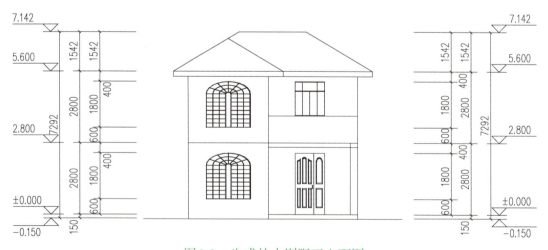

图 9-3 生成的小别墅正立面图

9.1.2 局部立面

屏幕菜单命令：【立剖面】→【局部立面】(JBLM)

本命令用于生成当前标准层、局部构件或三维图块等三维实体对象在选定方向上的立面图，生成的立面图内容取决于选定对象的三维图形。本命令按照三维的视图投影进行消隐，优化的算法使立面图生成快速而准确，立面图中对应三维对象的二维表达线段的保留与三维表达线段同图层。

图 9-4 为单层正立面图。对于整栋建筑可先逐层生成立面图，然后通过位移或复制组成整栋建筑物的立面图，注意不要选择无关的物体，例如内墙和室内构件都不应选取，以便有足够快的响应速度。

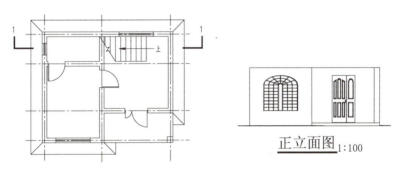

图 9-4 单层正立面图

图 9-5 为单个楼梯构件的立面生成。还可以用一个三维图块生成多个立面或顶面的二维图，用于扩展二维图库。

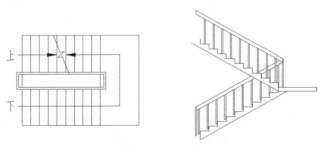

图 9-5 单个楼梯构件的立面生成

任务 9.2 创建与绘制剖面图

中望建筑 CAD 的剖面图生成过程与立面图相似，区别在于立面图只需确定投射方向，而剖面图除了需要指定投射方向外，还需指定剖切位置，因此在生成剖面图之前，平面图必须标注有剖切符号。

9.2.1 建筑剖面图

屏幕菜单命令：【立剖面】→【建筑剖面】（JZPM）

本命令根据楼层表的层高定义和用户选择的平面剖切线生成建筑剖面图，其中墙、板、梁、门窗、梯段的剖切可生成自定义对象。

下面以一个小别墅为例，详细介绍建筑剖面图的生成操作步骤：

1）把如图 9-1 所示的 3 个平面图分别保存为 3 个不同的文件，把它们分别以 1F、2F 和 3F 的文件名保存在计算机桌面上的一个名为"小别墅"的文件夹里。

2）打开一层平面图，选择【立剖面】→【建筑剖面】选项。

3）选择一层平面图中的剖切符号。

4）选择需要显示在剖面图上的轴线或直接按 <Enter> 键。

5）在系统弹出的【生成剖面】对话框的电子表格栏里建立楼层信息，如图 9-6 所示，内外高差设为"150"。若生成立面图时已经建立了楼层信息，可直接单击【确定】按钮。

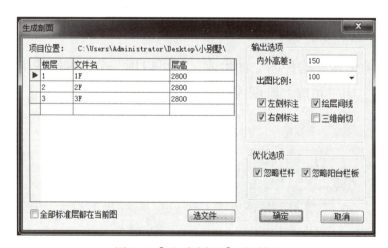

图 9-6 【生成剖面】对话框

6）在弹出的【输入要生成的文件】对话框里输入文件名"1-1 剖面"，并选择保存路径，然后单击【保存】按钮。系统生成的小别墅 1-1 剖面图经过简单编辑后如图 9-7 所示。

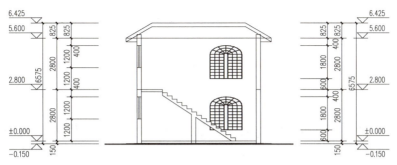

图 9-7　生成的小别墅 1-1 剖面图

9.2.2　局部剖面图

屏幕菜单命令:【立剖面】→【局部剖面】(JBPM)

本命令根据由平面剖切线确定的位置和方向,生成当前标准层、局部构件或三维图块等三维实体对象的剖面图。与建筑剖面图一样,主体构件也是生成自定义对象,也是要预先建立剖切线。图 9-8 为单层局部剖面图。

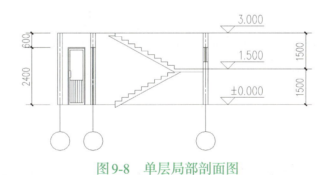

图 9-8　单层局部剖面图

任务 9.3　使用剖面墙、梁辅助工具

9.3.1　剖面墙板

屏幕菜单命令:【立剖面】→【剖面墙板】(PMQB)

本命令用于绘制自定义对象的剖面墙体和各种结构板。

9.3.2　线生墙板

屏幕菜单命令:【立剖面】→【线生墙板】(XSQB)

本命令依据立面图或剖面图网格快速生成剖面墙和剖面楼板,支持单点和穿线两种方式，选取单根或穿过一组轴线生成剖面墙，选取单根或穿过一组层线生成剖面楼板。

> **注意：**
> 两点穿线不允许同时穿过轴线和层线，二者互为边界无法生成墙体和结构板。

9.3.3 剖面板梁

屏幕菜单命令：【立剖面】→【剖面板梁】（PMBL）

本命令用于绘制水平楼板或是在端部附带剖梁的楼板，楼板被强制水平绘制，偏移值为楼板边线与层线的最小间距。

> **注意：**
> 绘制楼板的起点，既可以从墙基（轴线）开始，也可以从墙边开始，系统会自动延伸到墙基。

9.3.4 剖面梁

屏幕菜单命令：【立剖面】→【矩形剖梁】（JXPL）

本命令以多种方式插入矩形剖面梁，提供单个插入和批量插入两种方式，执行命令后弹出【绘制剖面梁】对话框，如图9-9所示。

图9-9 【绘制剖面梁】对话框

本命令支持的插入点如图9-10所示。

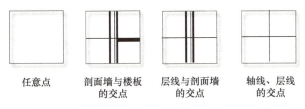

图 9-10 【矩形剖梁】命令支持的插入点类型

> **注意：**
> 当选择的插入方式含有剖面墙时，建议梁宽选"同墙宽"，系统将自动确定梁宽与墙宽相适应，批量插入不等宽且与墙同宽的矩形剖梁时，制图效率显著提高。

9.3.5 剖面门窗

屏幕菜单命令：【立剖面】→【剖面门窗】（PMMC）

本命令用于在剖面墙体上插入普通窗或凸窗，可以附带一体化的过梁一同插入。【剖面门窗】对话框如图 9-11、图 9-12 所示。

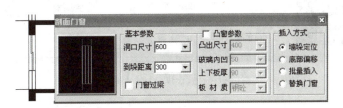

图 9-11 【剖面门窗】对话框——普通窗

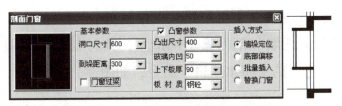

图 9-12 【剖面门窗】对话框——凸窗

【剖面门窗】对话框部分选项和操作解释：

1）【墙垛定位】：是一种单插方式，按门窗端部到楼板层线（或墙端）的距离等于【到垛距离】时插入门窗，光标位置靠上则上插，靠下则下插（图 9-13）。

2）【底部偏移】：也是一种单插方式，按光标到门窗端部的距离等于窗台高时插入门窗。

3)【批量插入】：是指以剖面墙与层线的交点为参考点，向上偏移一个窗台高后插入门窗。

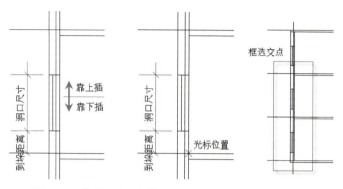

图9-13 【剖面门窗】命令的各种插入方式示意

4)【替换门窗】：是指对图中已有的门窗用对话框中的门窗进行替换（图9-14）。

图9-14 【替换门窗】选项

9.3.6 剖面造型

屏幕菜单命令：【立剖面】→【剖面造型】（PMZX）

本命令用于为剖面墙和剖面梁增加造型，其材料自动跟随主体构件生成，支持与闭合多段线组合的【布尔编辑】命令，如图9-15所示。

图9-15 剖面造型

9.3.7 剖面轮廓

屏幕菜单命令：【立剖面】→【剖面轮廓】(PMLK)

剖面中用专用对象（墙、板、梁、楼梯）难以描述的特型构件都可以用本命令表达，其独立存在而不与其他自定义构件发生遮挡关系，且带有材质属性（混凝土、石、砖、无材质等），由闭合多段线生成或由剖面造型转换而来。

本命令的优点在于可加粗、填充，可进行夹点编辑，具有灵活应用的特点，支持局部边线的隐藏（鼠标右键选择【边线显隐】），如图 9-16 所示。

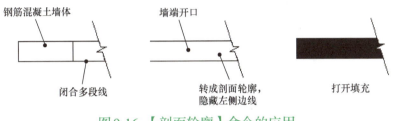

图 9-16 【剖面轮廓】命令的应用

任务 9.4 使用剖面楼梯辅助工具

9.4.1 休息平台

屏幕菜单命令：【立剖面】→【休息平台】(XXPT)

本命令用于绘制楼梯间两层之间的休息平台。由于休息平台处没有层线定位，为快速插到指定的位置，一般采用给定偏移距离的定位方式，即只需给出休息平台距下层楼板或层线的距离即可精确定位。绘制时只需选取墙边线，平台板基线会自动延伸至墙体基线。平台板两端自带楼梯梁和墙中梁，其中墙中梁的宽度锁定为同墙宽（图 9-17），如果墙中已有梁则不插新梁。

9.4.2 剖面梯段

屏幕菜单命令：【立剖面】→【剖面梯段】(PMTD)

本命令用于绘制自定义剖面梯段对象，包括剖切部分和可见部分，剖面梯段对象由楼梯板和休息平台构成，上下端各设一个夹点用于画梁的捕捉点。【剖面梯段】对话框如图 9-18 所示。

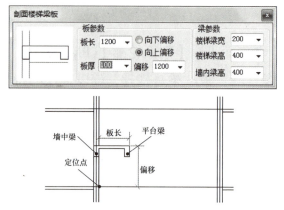

图9-17 楼梯平台板及梁的布置

图9-18 【剖面梯段】对话框

【剖面梯段】对话框部分选项和操作解释：

1)【对齐下梁】：下端第1个踏步对齐到梁，上端为自由端，用楼板补齐到梁的空隙，如图9-19所示。

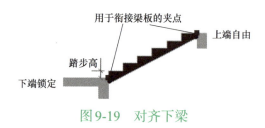

图9-19 对齐下梁

2)【对齐中间】：梯段居中，上下两端为自由端，均可用楼板补齐到梁的空隙，如图9-20所示。

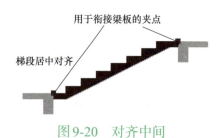

图9-20 对齐中间

3)【对齐上梁】：上端第1个踏步对齐到梁，下端为自由端，可用楼板补齐到梁的空隙,如图 9-21 所示。

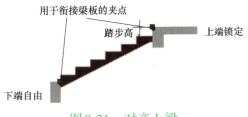

图 9-21　对齐上梁

4)【固定高度】:梯段高度由对话框中给定,即由总高、踏步宽、踏步高等参数确定梯段尺寸,直接插入图中,可在命令行切换右上、右下、左上、左下四个方位。

5)【两点定高】:梯段高度由光标拖动确定,其他参数仍由对话框中给定,可向右上、右下、左上、左下四个方向拖动。

9.4.3　楼梯栏杆

屏幕菜单命令:【立剖面】→【楼梯栏杆】(LTLG)

本命令依据已有剖面楼梯生成栏杆、扶手,系统以一个梯段的起始和终止台阶的顶点为参照,在每个踏步上生成一个给定高度的栏杆,并在顶部加扶手,如图 9-22 所示。

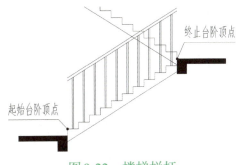

图 9-22　楼梯栏杆

9.4.4　扶手接头

屏幕菜单命令:【立剖面】→【扶手接头】(FSJT)

由【剖面楼梯】和【楼梯栏杆】命令生成的扶手采用本命令进行接头的连接。本命令支持单选和框选,框选可以一次性生成除了最底层和最顶层之外的所有接头。扶手接头的连接操作示意如图 9-23 所示。

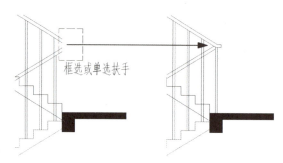

图 9-23　扶手接头的连接操作示意

任务 9.5　使用立面图、剖面图辅助工具

立面图、剖面图中除了墙、梁、板、门窗等主体构件外,还有附属部分,中望建筑 CAD 提供了绘制雨水管线和柱子的工具,其他的图面表达可以采用中望 CAD 的功能完成。

9.5.1　雨水管

屏幕菜单命令:【立剖面】→【雨水管线】(YSGX)

本命令用于在给定的位置绘制正面、左侧面和右侧面的雨水管线,包括上部的漏斗和下部的导管。正面和侧面雨水管示意如图 9-24 所示。

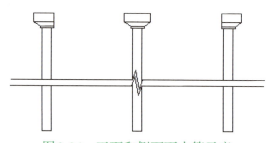

图 9-24　正面和侧面雨水管示意

9.5.2　柱立面线

屏幕菜单命令:【立剖面】→【柱立面线】(ZLMX)

本命令用于在正立面投射方向绘制圆柱曲面以模拟投射线(柱立面线),使柱子看上去具有立体感。柱立面线为具有五个夹点的建筑图块,可用鼠标拖拽夹点拉伸、旋转和移位。圆柱立面线如图 9-25 所示。

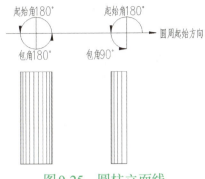

图 9-25 圆柱立面线

9.5.3 立剖网格

通常情况下,立面图和剖面图的空间划分由层高和开间(进深)决定,其主体框架由墙体和楼板构成,墙体定位在轴线上,楼板定位在层线上。

屏幕菜单命令:【立剖面】→【立剖网格】(LPWG)

本命令用于创建立面图和剖面图的定位层线和轴线,创建方法与平面轴网类似。

执行【立剖网格】命令,弹出如图 9-26 所示对话框。

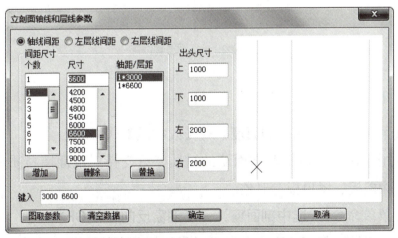

图 9-26 【立剖面轴线和层线参数】对话框

9.5.4 层线标注

屏幕菜单命令:【立剖面】→【层线标注】(CXBZ)

本命令用于批量完成立面图、剖面图的竖向标注,包括层线尺寸、标高和层号等,操作上与【轴网标注】命令类似。图 9-27 所示为【层线标注】对话框。

图 9-27 【层线标注】对话框

进行层线标注时，首先选取起始层线，再选取终点层线，起始层线处的层号和标高通过【层线标注】对话框中的【起始楼层】和【起始标高】给定。层线标注如图 9-28 所示。

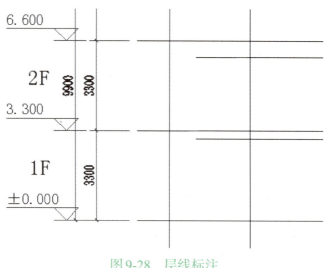

图 9-28 层线标注

9.5.5 剖面编辑

1. 右键菜单命令：〈选中剖面墙〉→【改材质】(GCZ)

本命令用于快速批量更改剖面墙的材质，只支持对剖面墙材质的修改，自动过滤并排除楼板、屋顶板等对象。

2. 右键菜单命令：〈选中剖面窗〉→【剖窗反向】(PCFX)

本命令用于翻转剖面凸窗或左右不对称的剖面窗的方向。

3. 右键菜单命令：〈选中轮廓〉→【转剖造型】(ZPZX)

本命令用于把剖面轮廓转换成剖面造型对象。

4. 右键菜单命令：〈选中造型〉→【转剖轮廓】(ZPLK)

本命令用于把剖面造型转换成剖面轮廓对象。

项目 10 创建文字表格与尺寸标注

本项目内容包括

- 创建文字
- 创建表格
- 标注工程符号
- 认识尺寸标注
- 创建尺寸标注
- 编辑尺寸标注
- 标注建筑标高

● 任务目标

通过对本项目的学习,掌握以下技能与方法:

1. 学会使用中望 CAD 建筑版软件进行文字的注释编辑。

2. 学会使用中望 CAD 建筑版软件进行表格的注释编辑。

3. 学会使用中望 CAD 建筑版软件进行工程符号的注释编辑。

4. 学会使用中望 CAD 建筑版软件进行尺寸标注的创建与编辑。

5. 学会使用中望 CAD 建筑版软件进行建筑标高的注释编辑。

● 任务内容

工程图纸中除了设计构件对象外,还需要大量的注释类对象来辅助完善所表达的建筑工程信息,例如文字、表格、符号和尺寸标注等,这些特殊对象在中望 CAD 建筑版软件中组成了丰富的注释系统。学习完本项目,要求能正确使用中望 CAD 建筑版软件进行建筑图纸的注释操作。

● 实施条件

1. 台式计算机或笔记本电脑。
2. 中望 CAD 建筑版软件。

任务 10.1　创建文字

中望建筑 CAD 采用了建筑文字对象，将中文、西文合二为一的同时又能分别调整二者的高宽比例，使中文、西文的外观协调一致，能够方便地输入文字的上下角标和特殊字符。另外，中望建筑 CAD 还提供了一系列文本快速编辑工具，其中的【在位编辑】等工具具有非常清楚的操作逻辑，可以实现文字及特殊符号的插入、轴网的自动编号，以及表格的合并、求和、排序等。

10.1.1　文字样式

屏幕菜单命令：【文表符号】→【文字样式】(WZYS)

文字样式即文字的高度、宽度、字体以及样式名称等特征的集合。【文字样式】命令默认采用矢量字体（"shx"字体），用户可使用 Windows 系统的"True-type"字体，如"宋体"和"楷体"等，这些系统字体文件包含中文和西文，只需设置中文参数即可。中望建筑 CAD 的文字样式由中文字体和西文字体组成，中文字体和西文字体分别设定参数，如图 10-1 所示。

图 10-1　【文字样式】对话框

10.1.2　单行文字

屏幕菜单命令：【文表符号】→【单行文字】(DHWZ)

本命令能够单行输入文字和字符，输入图面中的文字独立存在，操作十分灵活，修改时不影响其他文字。【单行文字】对话框如图 10-2 所示。

【单行文字】对话框选项和操作解释：

1)【单行文字输入框】用于录入文字、符号等，可记录已输入过的文字，方便重复输入同类内容。在下拉列表中选择其中一行文字后，该行文字上移至首行。

2)【文字样式】用于在下拉框中选用已有的文字样式。

3)【对齐方式】用于选择文字与基点的对齐方式。

4)【转角】用于输入文字的转角。

5)【字高】用于确定最终图纸打印的字高，而不是在屏幕上测量出的字高数值，两者有绘图比例的倍数关系。

图 10-2 【单行文字】对话框

6）特殊符号：在对话框的上方可选择特殊符号的输入内容和输入方式。

7）【背景屏蔽】：选中此复选框后，文字可以屏蔽背景，用于剪切复杂背景，例如存在图案填充的场合。注意屏蔽作用跟随文字的移动而存在。

10.1.3　多行文字

屏幕菜单命令:【文表符号】→【多行文字】

本命令用于使用已经定义好的文字样式按段落输入多行文字，可以方便地设置文字的上下角标，并可设定页宽与文字的换行，在完成文字输入后还可随时拖动夹点改变页宽。【多行文字】对话框如图 10-3 所示。

图 10-3 【多行文字】对话框

【多行文字】对话框选项和操作解释：

1）文字输入区：可在其中输入多行文字，也可以接受来自剪裁板的其他文本编辑内容。

2)【行距系数】表示的是行间的净距,单位是当前的文字高度,比如"1"为两行间相隔一空行,本参数决定了整段文字的疏密程度。

3)【文字高度】是指打印出图后的实际文字高度。

4)【对齐方式】决定了文字段落的对齐方式,共有左对齐、右对齐、中心对齐、两端对齐四种对齐方式。

5)【自动编号】是指在输入带有编号的段落时,如果本段开头处有编号,按<Enter>键后下一段自动加入一个顺序编号。

6)【导入文档】用于打开"sys\建筑文档.txt"文件,其中"建筑文档.txt"文件的名称和位置不能改变,其格式要求见该文档的注释内容。用户可将设计常用的文件,如建筑说明等保存在文档中,方便插入调用。

7)【图中提取】是指按文字类型在当前图中提取成段的文字以备他用。

多行文字拥有两个夹点,左侧的夹点用于拖动文字整体移动,而右侧的夹点用于拖动文字改变对象宽度,当宽度小于设定时,多行文字对象会自动换行,而最后一行的结束位置由该对象的对齐方式决定。

10.1.4 文字编辑

屏幕菜单命令:【文表符号】→【文字编辑】(WZBJ)

本命令对图面中的所有标注符号利用微型对话框进行编辑,编辑窗口支持缩放,按<Ctrl+W>键放大,按<Ctrl+S>键缩小。

任务 10.2 创建表格

中望建筑CAD中的表格是一个层次结构严谨的复杂对象,除了作为工程设计的各种表格外,还在门窗表和日照分析表等处发挥作用。表格的功能区域由标题、表头和内容三部分组成。

10.2.1 新建表格

屏幕菜单命令:【文表符号】→【新建表格】(XJBG)

选择【文表符号】→【新建表格】命令,系统将弹出如图10-4所示的【新建表格】对话框;单击【选表头】按钮后系统弹出如图10-5所示【选择表头文件】对话框,选中其中的文件后单击【打开】按钮,系统重新返回【新建表格】

对话框；单击【确定】按钮并指定表格左上角，完成表格的创建。

图 10-4 【新建表格】对话框

图 10-5 【选择表头文件】对话框

【新建表格】命令依据对话框提供的参数建立一个无表头的空白新表格，如图 10-6 所示，或根据选定的表头和确定的行数输出一个有表头内容的空白表格，如图 10-7 所示。

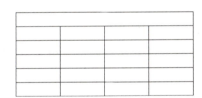

图 10-6 无表头的空白新表格　　　图 10-7 有表头内容的空白表格

表格的标题内容可采用【在位编辑】命令输入，表头和单元的字符输入可采用【在位编辑】或鼠标右键的【单元编辑】命令输入。

10.2.2　表格属性

右键菜单命令：〈选中表格〉→【对象编辑】(DXBJ)

双击生成的表格或在鼠标右键菜单中选择【对象编辑】选项均可打开【表格设定】对话框，如图 10-8 所示，在此对话框中分别可以对标题、表头、内容、表行、表列和杂项等内容进行设置。

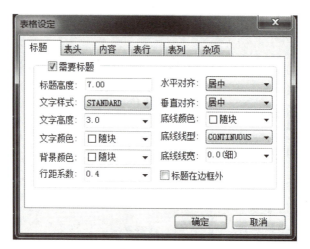

图10-8 【表格设定】对话框

10.2.3 表行编辑

右键菜单命令:〈选中单个或多个表行〉→鼠标右键调出表行的编辑命令

表行的局部设置命令均在鼠标右键菜单中，首先选中准备编辑的若干个表行，然后在鼠标右键菜单中执行【行设定】命令，弹出【行设定】对话框（图10-9）后进行表行编辑，编辑结果仅对选中的表行有效。

图10-9中的【继承表格横线参数】选项，表示本次操作的表行对象按全局表行的参数设置显示。

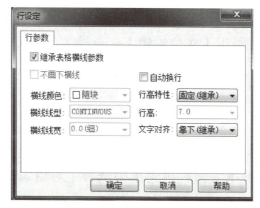

图10-9 【行设定】对话框

图10-9中的【自动换行】选项用于控制本行文字是否可以自动换行。这个设置必须和行高特性配合才可以完成，即行高特性必须为"自由"或"自动"，否则文字换行后会覆盖表格的前一行或后一行。

10.2.4 表列编辑

右键菜单命令:〈选中单个或多个表列〉→鼠标右键调出表列的编辑命令

表列的局部编辑命令均在鼠标右键菜单中,首先选中准备编辑的若干个表列,然后在鼠标右键菜单中执行【列设定】命令,弹出【列设定】对话框(图10-10)后进行表列编辑,编辑结果仅对选中的表列有效。

图10-10中的【本列标题】,只有当表格全局设置成"需要表头",且本次操作仅编辑单列时,本选项才可用。标题内容为对应表头内的文字内容。

图10-10中的【自动换行】是指表列内的文字超过单元宽度后自动换行,必须和前面提到的行高特性相结合才可以完成。

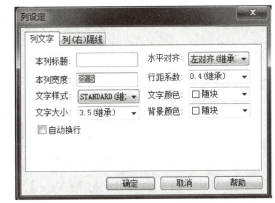

图10-10 【列设定】对话框

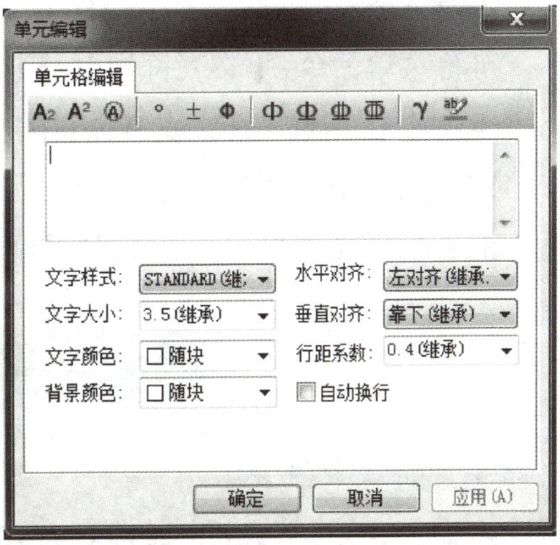

图10-11 【单元编辑】对话框

10.2.5 单元编辑

右键菜单命令:〈选中一个单元〉→【单元编辑】

本命令可以对单元内的文字进行编辑(和【在位编辑】命令的效果等同),可输入特殊符号以及文字、背景、对齐方式等。【单元编辑】对话框如图10-11所示。

10.2.6 表格合并与拆分

1. 表格合并

右键菜单命令:〈选中表格〉→【表格合并】(BGHB)

本命令把多个表格合并成一个表格,合并的规则是表行方向按选取顺序进行合并,表列方向取全部参与表格的最多列数作为合成后的列数。

2. 表格拆分

右键菜单命令:〈选中表格〉→【表格拆分】(BGCF)

本命令把合并后的表格按行或按列拆分成合并前的多个表格。

10.2.7 与 Office 交换数据

考虑到用户常使用 Office 统计工程数据，中望建筑 CAD 提供了与 Excel 和 Word 之间交换表格文件的接口，可以把中望建筑 CAD 的表格输入 Excel 或 Word 中进行进一步的编辑处理，更新后再输回中望建筑 CAD；还可以在 Excel 或 Word 中建立数据表格，然后以自定义表格对象的方式插入中望建筑 CAD 中。

1. 导出表格

屏幕菜单命令：【文表符号】→【导出表格】(DCBG)

本命令将图中的中望建筑 CAD 表格输入 Excel 或 Word 中。执行命令后在分支命令中选择导入 Excel 或 Word，系统将自动开启一个 Excel 或 Word 进程，并把所选定的表格内容输入 Excel 或 Word 中。

2. 导入表格

屏幕菜单命令：【文表符号】→【导入表格】(DRBG)

本命令把当前 Excel 或 Word 中选中的表格区域的内容更新到指定的表格中，或导入并新建表格（注意不包括标题，即只能导入表格内容）。如果想更新图中的表格，要注意行、列数目的匹配。

任务 10.3　标注工程符号

10.3.1 箭头文字

屏幕菜单命令：【文表符号】→【箭头文字】(JTWZ)

本命令用于在图中以国家现行标准规定的样式标出箭头文字符号。执行本命令后弹出【箭头文字】对话框，如图 10-12a 所示。

【箭头文字】对话框选项和操作解释：

1)【上标文字】【下标文字】是指箭头文字符号中的说明文字内容，特殊符号可选取对话框上方的图标输入。

2)【字高】是指说明文字打印输出的实际高度。

3)【箭头样式】是指采用何种箭头样式。

4)【箭头大小】是指箭头的打印输出尺寸。

箭头文字符号由箭头、连线和说明文字组成，标注样式如图 10-12b 所示。

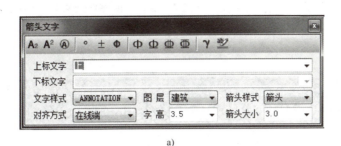

a)

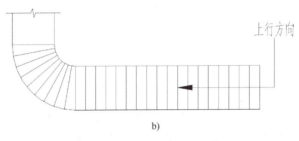

b)

图 10-12　箭头文字

a)【箭头文字】对话框　b)箭头文字符号标注样式

10.3.2　做法标注

屏幕菜单命令：【文表符号】→【做法标注】(ZFBZ)

本命令用于在图中以国家现行标准规定的样式标注出做法标注符号。执行本命令后弹出【做法标注】对话框，如图 10-13 所示。

图 10-13　【做法标注】对话框

【做法标注】对话框选项和操作解释：

1)输入框内按行输入做法说明文字，特殊符号可选取对话框上方的图标输入，也可进入【做法库】提取系统给定的做法。

2)【做法库】为开放管理，用户可自行维护。

做法标注符号由连线和说明文字组成，样式如图 10-14 所示。

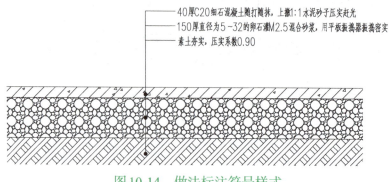

图 10-14　做法标注符号样式

10.3.3　引出标注

屏幕菜单命令：【文表符号】→【引出标注】（YCBZ）

本命令用于在图中以国家现行标准规定的样式标注出引出标注的文字符号。执行本命令后弹出【引出标注文字】对话框，如图 10-15 所示。典型的引出标注样式如图 10-16 所示。

图 10-15　【引出标注文字】对话框

执行本命令时，不按或按住 <Ctrl> 键，引注点的编辑状态在移动和增加之间切换，如图 10-17 所示。

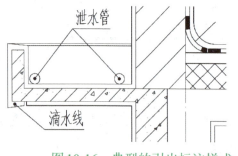
图 10-16　典型的引出标注样式

图 10-17　引注点的编辑状态

10.3.4 图名标注

屏幕菜单命令：【文表符号】→【图名标注】(TMBZ)

本命令用于在图中按【国标】和【传统】两种命令方式自动标出图名。执行本命令后弹出【图名标注】对话框，如图 10-18 所示。

图 10-18 【图名标注】对话框

图名标注有两种形式可以选择，一种是"传统样式"，另一种是"国标样式"，都可以选择是否附带出图比例。图名标注的四种形式如图 10-19 所示。

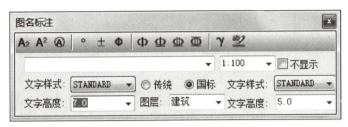

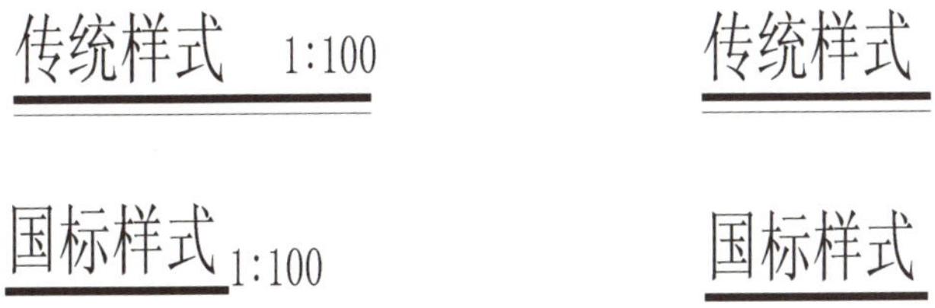

图 10-19 图名标注的四种形式

10.3.5 索引符号

屏幕菜单命令：【文表符号】→【索引符号】(SYFH)

本命令用于在图中以国家现行标准规定的样式标出指向索引和剖切索引的符号。执行本命令后弹出【索引文字】对话框，如图 10-20 所示。

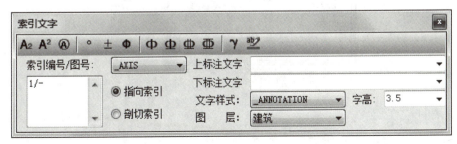

图 10-20 【索引文字】对话框

索引符号有两种样式供选用，一种是指向索引，另一种是剖切索引，要注意剖切索引的方向，引出线所在一侧为投射方向。两种索引符号样式如图 10-21 所示。

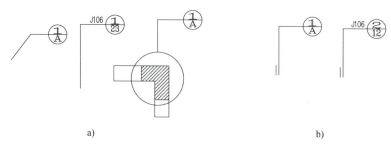

图 10-21　两种索引符号样式

a）指向索引　b）剖切索引

10.3.6　详图符号

屏幕菜单命令：【文表符号】→【详图符号】（XTFH）

本命令用于在图中以国家现行标准规定的样式标出详图符号，分为详图与被索引的图样在同一张图内或不在同一张图内两种情况（图 10-22）。【详图符号】对话框如图 10-23 所示。

图 10-22　详图标注的两种实例

a）详图与被索引的图样在同一张图内　b）详图与被索引的图样不在同一张图内

图 10-23　【详图符号】对话框

10.3.7　剖切符号

屏幕菜单命令：【文表符号】→【剖切符号】（PQFH）

本命令用于在图中以国家现行标准规定的样式标出剖面剖切和断面剖切的

符号(图10-24)。执行本命令后弹出【剖切标注】对话框,如图10-25所示。

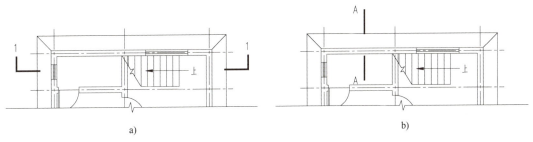

图 10-24　剖切符号的两种样式

a)剖面剖切符号　b)断面剖切符号

图 10-25　【剖切标注】对话框

10.3.8　折断符号

屏幕菜单命令:【文表符号】→【折断符号】(ZDFH)

本命令用于在图中以国家现行标准规定的样式标出折断符号。典型的折断符号样式如图10-26所示。

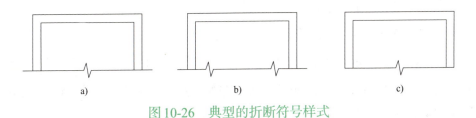

图 10-26　典型的折断符号样式

a)两端自动处延"开"　b)两端自动外延"开"且折断数为2　c)两端自动外延"关"

10.3.9　对称符号

屏幕菜单命令:【文表符号】→【对称符号】(DCFH)

本命令用于在图中给对称结构图形以国家现行标准规定的样式标注出对称符号,如图10-27所示。

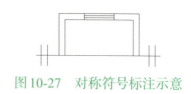

图 10-27　对称符号标注示意

10.3.10　指北针

屏幕菜单命令：【文表符号】→【指北针】(ZBZ)

本命令用于在图中以国家现行标准规定的样式标注出指北针符号。标注出的指北针由两部分组成：指北符号和文字"北"，两者一次标注出，但属于两个不同的对象，文字"北"为单行文字对象。指北针符号如图 10-28 所示。

图 10-28　指北针符号

任务 10.4　认识尺寸标注

　　建筑工程图纸中的尺寸标注在国家现行标准中有严格的规定，尺寸标注也是所有设计图纸中不可缺少的重要组成部分。中望建筑 CAD 提供了多种专用的尺寸标注系统，方便用户进行标注和编辑。

　　中望建筑 CAD 提供的专用于建筑工程设计的尺寸标注系统，使用图纸单位进行测量，标注文字的大小自动适应工作环境的当前比例，用户无特殊要求无须干预，配合布图功能可满足不同出图比例的要求，可以连续、快速地标注尺寸，并成组修改尺寸标注。

任务 10.5　创建尺寸标注

10.5.1　门窗标注

屏幕菜单命令：【尺寸标注】→【门窗标注】(MCBZ)

本命令适合于平面图的外围尺寸标注，有以下两种方式：

1）若第 1 点和第 2 点之间的参照线和第一、第二道尺寸线相交，则自动标注直墙和圆弧墙上的门窗尺寸，由此生成第三道尺寸线，如图 10-29 所示。

2）若第 1 点和第 2 点之间的参照线没有和第一、第二道尺寸线相交，则需要动态指定门窗尺寸线的标注位置。

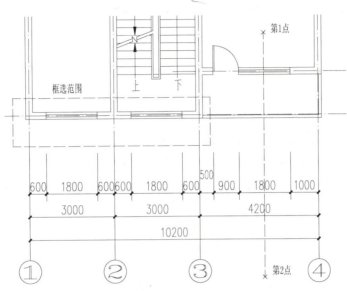

图 10-29 自动标注的门窗标注

10.5.2 内门标注

屏幕菜单命令：【尺寸标注】→【内门标注】（NMBZ）

本命令专用于对平面图中的内门、内窗的尺寸标注，有轴线定位和垛宽定位两种方式（图 10-30）。标注时，只需选取需要标注的门窗并给定尺寸线的位置，即可完成内门窗的标注。

图 10-30 内门标注的两种方式

命令交互：

请用第一点选门窗，注意第二点作为尺寸线位置！
请点取门窗或 [轴线定位(A)]<退出>：
(选取需要标注的门窗)
终点（尺寸线位置）或 [轴线定位(A)]<退出>：
(选取尺寸线的标注位置)

10.5.3　墙厚标注

屏幕菜单命令：【尺寸标注】→【墙厚标注】(QHBZ)

本命令可以智能识别墙体的方向，标注出与墙体正交的墙厚尺寸，在墙体内有轴线存在时标注以轴线分割的左右墙宽，在墙体内没有轴线存在时标注墙体的总宽。注意，第1点和第2点之间的连线所穿过的所有墙体，将全部在墙上标出墙厚尺寸，如图10-31所示。

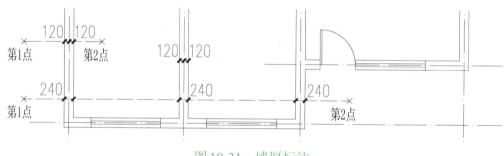

图10-31　墙厚标注

10.5.4　墙中标注

屏幕菜单命令：【尺寸标注】→【墙中标注】(QZBZ)

本命令取穿过的所有双线墙的中线进行尺寸标注，主要用于标注隔墙和卫生间隔断等非承重墙体的定位关系，不对墙厚进行标注。

执行【墙中标注】命令时，两点之间所有的轴线、墙线等物体被一起选中，如果有不想参与标注的对象，可先选取这些物体并排除掉，再按<Enter>键进行标注。墙中标注如图10-32所示。

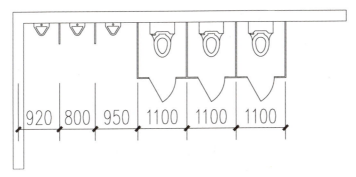

图 10-32　墙中标注

10.5.5　逐点标注

屏幕菜单命令：【尺寸标注】→【逐点标注】（ZDBZ）

本命令是一个通用的灵活标注工具，对选取的一串给定点沿指定方向和选定的位置标注尺寸。本命令适用于需要取点定位标注的情况，以及其他标注命令难以完成的尺寸标注。逐点标注如图 10-33 所示。

命令交互：

起点或【参考点（R）】<退出>：
（选取第一个标注点作为起始点）
第二点<退出>：
（选取第二个标注点）
请点取尺寸线位置或【更正尺寸方向（D）】<退出>：
（此时动态拖动尺寸线，选取尺寸线就位点，或者键入"D"通过选取一条线或墙来确定尺寸线方向）
请输入其他标注点或【撤销上一标注点（U）】<结束>：

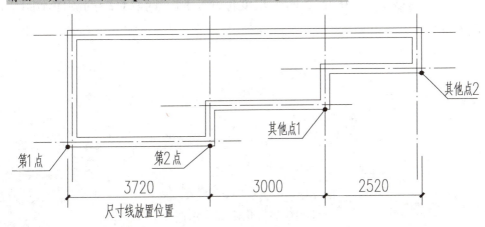

图 10-33　逐点标注

(逐点给出标注点,并可以回退)

请输入其他标注点或【撤销上一标注点(U)】<结束>:

(反复取点,回车结束)

10.5.6 半径、直径标注

屏幕菜单命令:【尺寸标注】$\begin{cases}$【半径标注】(BJBZ)$\\$【直径标注】(ZJBZ)$\end{cases}$

本命令用于在图中标注圆或圆弧的半径和直径。标注符号默认在圆或圆弧内部,如果内部放置不下,系统自动放于外侧,可以采用【夹点拖拽】命令改变符号的内外放置。图 10-34 为半径、直径标注。

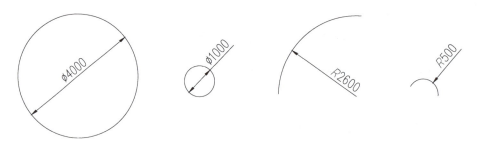

图 10-34 半径、直径标注

10.5.7 角度标注

屏幕菜单命令:【尺寸标注】→【角度标注】(JDBZ)

本命令用于按逆时针方向标出两根直线之间的夹角角度,要注意按逆时针方向顺序选择直线。图 10-35 是两个角度标注示例,选取直线的顺序不同,标注结果也不同。

图 10-35 角度标注示例

10.5.8 弧长标注

屏幕菜单命令:【尺寸标注】→【弧长标注】(HCBZ)

本命令用于以国家现行标准规定的画法分段标注弧长,弧长标注是一个连续的整体对象。本命令可以在三种状态下相互转换,即有弧长、角度和弦长三种标注方式。弧长标注如图 10-36 所示。

命令交互:

请选择要标注的弧段:
(选取准备标注的弧墙、弧线等)
请点取尺寸线位置<退出>:
(类似逐点标注,选取尺寸标注放置的位置)
请输入其他标注点<结束>:
(继续选取其他标注点,按<Enter>键结束)

图 10-36 给出了操作图示和实例。

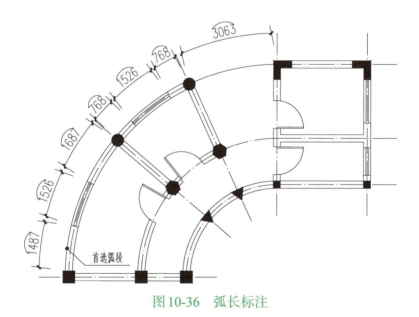

图 10-36 弧长标注

任务 10.6　编辑尺寸标注

中望建筑 CAD 的尺寸标注对象是自定义对象,支持曲线编辑命令,如【延伸】【修剪】【打断】等命令,这些通用的编辑手段不再介绍,下面只介绍专门针对尺寸标注的编辑手段。

10.6.1 取消尺寸

右键菜单命令：〈选中尺寸〉→【取消尺寸】(QXCC)

在建筑标注对象中，将选取的某个尺寸线区间段删除，如果该区间位于尺寸线中段，则原来的一个标注对象分开成为两个相同类型的标注对象。

中望建筑 CAD 的建筑标注对象有别于中望 CAD 的尺寸标注对象，是由一串相互连接的多个区间标注线组成的，用普通的【删除】命令无法删除其中的某一段，因此必须使用【取消尺寸】命令完成此类操作。

10.6.2 连接尺寸

右键菜单命令：〈选中尺寸〉→【连接尺寸】(LJCC)

本命令用于连接多个独立的直线或圆弧标注对象，将选取的尺寸线区间段加以连接，合并成为一个标注对象。如果准备连接的标注对象之间的尺寸线不共线，则连接后的标注对象以第一个选取的标注对象为主标注尺寸进行对齐。【连接尺寸】命令通常用于把中望 CAD 的尺寸标注对象转为中望建筑 CAD 的建筑标注对象。

10.6.3 增补尺寸

右键菜单命令：〈选中尺寸〉→【增补尺寸】(ZBCC)

本命令用于在一个中望建筑 CAD 的整体标注对象中增加新的尺寸标注点和区间，新增点既可以在原尺寸标注区间内，也可以位于原尺寸标注界限的外侧。

10.6.4 合并区间

右键菜单命令：〈选中尺寸〉→【合并区间】(HBQJ)

本命令用于将相邻两个或连续多个尺寸区间合并为一个尺寸区间。

> **注意：**
> 1）操作中既可以选取尺寸线也可以选取尺寸界线。
> 2）如果首先选取起始尺寸线，则第二点必须选取终止尺寸线，两个区间所包含的全部区间合成为一个尺寸区间。
> 3）如果第一次直接选取尺寸界线，则该尺寸界线相邻的两个区间合并为一个尺寸区间。

10.6.5 外包尺寸

右键菜单命令：〈选中尺寸〉→【外包尺寸】(WBCC)

本命令用于在已有的第一道和第二道尺寸线的基础上增加外包尺寸的标注。

10.6.6 等分区间

右键菜单命令：〈选中尺寸〉→【等分区间】(DFQJ)

本命令用于将一个尺寸区间等分成若干份并分段标注，如将"1500"的区间分成 10 份，则标注 10 个"150"的区间。

10.6.7 等式标注

右键菜单命令：〈选中尺寸〉→【等式标注】(DSBZ)

本命令用于将一个尺寸区间的标注用一个等式表达，如"300×24=7200"，如图 10-37 所示。本命令多用于楼梯踏步等具有一系列连续等长尺寸的标注。

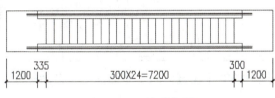

图 10-37　等式标注

10.6.8 尺寸复值

右键菜单命令：〈选中尺寸〉→【尺寸复值】(CCFZ)

本命令用于将修改过的尺寸值恢复到测量值。

10.6.9 切换角标

右键菜单命令：〈选中尺寸〉→【切换角标】(QHJB)

中望建筑 CAD 的弧段尺寸标注默认为角度标注，本命令用于在角度标注、弦长标注和弧长标注三种模式之间循环切换。

任务 10.7　标注建筑标高

标高标注用来描述垂直位置，坐标标注用来描述水平位置，中望建筑 CAD

分别定义了标高对象和坐标对象来实现位置的标注。

10.7.1 标高标注

屏幕菜单命令：【尺寸标注】→【标高标注】(BGBZ)

本命令用于在建筑图中标出一系列给定点的标高符号，包括平面标高符号和立面标高符号，支持自动标注和人工输入多层标高。执行本命令后弹出【建筑标高】对话框，如图10-38～图10-39所示。

1. 自动标注

不勾选【手工输入】为自动标注模式。首次进行自动标注时以原点为参考点，图中已有标高的则以前次标高为参考点，系统自动计算当前标注点的Y值为标高值。自动标注如图10-38所示。

图10-38 【建筑标高】对话框——自动标注

2. 人工输入

勾选【手工输入】为人工输入模式，本模式适合复杂标高的标注。人工输入如图10-39所示。

图10-39 【建筑标高】对话框——人工输入

使用人工输入模式标注多层标高时【建筑标高】对话框选项和操作解释：

1）在【层高】栏中设置层高值，在【加层】栏中输入一次加入的层数。

2）如果标高表内为空白内容，系统默认从"1F"起始加层；否则从当前层起始加层。

3）选取【清空】按钮，清除表格内容。

4）行列删减。选取【层号/注释】表头，选中该列，按 <Delete> 键或鼠标右键删除该列内容；在标高表内选取某行或多行，单击鼠标右键，在下拉菜单栏中有【删除行】【复制插入】等操作命令可以用于行删减。删除列如图 10-40 所示，删除行如图 10-41 所示。

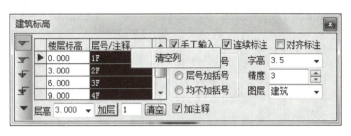

图 10-40　删除列

图 10-41　删除行

10.7.2　标高检查

屏幕菜单命令：【坐标检查】(ZBJC)

本命令以图中一个标高值为参照基准，对其他标高进行正误检查，并根据需要决定是否对错误的坐标进行纠正。

【坐标检查】命令操作步骤：

1）选择一个正确的标高作为参考。

2）选择其他待检查的标高。

3）根据命令行给定的方法修正标高。

项目 11　创建图块与图案

本项目内容包括

- 创建图块
- 创建图案

● 任务目标

通过对本项目的学习，掌握以下技能与方法：

1. 学会使用中望 CAD 建筑版软件图块管理模块的【图库管理】【图块转化】【图块屏蔽】【图块改层】命令。

2. 学会使用中望 CAD 建筑版软件图案管理模块的【图案管理】【图案填充】【图案编辑】命令。

● 任务内容

建筑 CAD 设计绘图需要使用可以重复利用的素材，包括图块和图案。中望 CAD 建筑版软件提供了一种高效、易用的图块和图案管理系统，可以有效地组织、管理和使用这些设计素材，并可采用风格一致的用户界面。学习完本项目，要求能灵活应用中望 CAD 建筑版软件的图块管理模块和图案管理模块。

● 实施条件

1. 台式计算机或笔记本电脑。
2. 中望 CAD 建筑版软件。

任务 11.1 创建图块

图块的使用涉及块定义和块参照，前者是可以重复使用的素材，后者是具体使用的实例。块定义的作用范围既可以在一个图形文件内有效（简称内部图块），也可以对全部文件都有效（简称外部图块）。块参照有多种方式，最常见的就是块插入（INSERT）；此外，还有外部参照。外部参照自动依赖于外部图块，即外部文件如果发生变化，外部参照可以自动更新。

11.1.1 图库管理

使用【图库管理】工具可以调用图库管理系统的专用图库和通用图库里的各种图案及图块，图 11-1 显示的就是【图库管理】对话框，该对话框包括菜单栏、工具栏、类别区、图块名称表和图块预览区等，在该对话框的最下端为状态栏。其中，在工具栏中提供了部分常用图库的操作命令，光标移动到按钮上面会显示该按钮的功能。

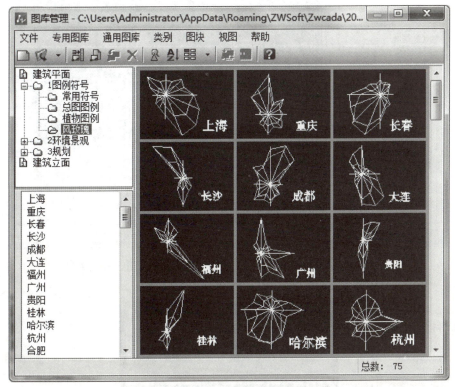

图 11-1 【图库管理】对话框

【图库管理】工具的专用图库里面有：立面阳台、立面门窗、轮廓截面、线图案库、栏杆库、三维门窗、二维门窗、剖面门窗以及总图图块和快速图块；【图库管理】工具的通用图库里面有：建筑图库、结构图库和室内图库三大类，在平面图绘制时经常用到的家具布置图案，大部分在室内图库大类里的家具小类里，如图11-2所示。

使用【图库管理】工具的方法非常简单，打开【图块图案】→【图库管理】对话框，按类别选中某个待编辑的图案，然后双击该图案，则【图案管理】对话框消失并弹出【图块参数】对话框，如图11-3所示；接下来按命令行选项操作即可。

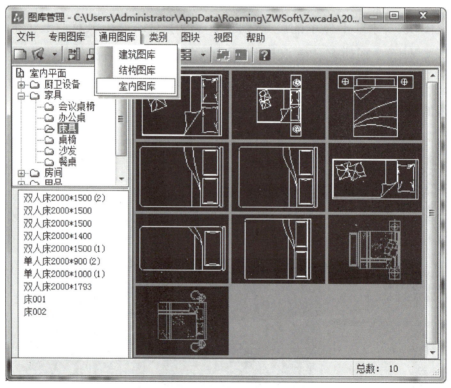

图11-2　家具布置图案在【图库管理】对话框中的位置

图11-3　【图块参数】对话框

11.1.2 图块转化

屏幕菜单命令：【图块图案】→【图块转化】(TKZH)

本命令用于将中望 CAD 的图块转化为建筑图块，使其具有建筑图块的特性。中望 CAD 的图块和建筑图快在外观上完全相同，但建筑图块的突出特征是具有五个夹点，用户可以采用选中图块后查看夹点数目的办法来判断其是否是建筑图块。转化前后图块夹点的变化如图 11-4 所示。

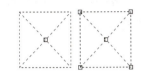

图 11-4 转化前后图块夹点的变化

11.1.3 图块屏蔽

屏幕菜单命令：【图块图案】→【图块屏蔽】(TKPB)
右键菜单命令：〈选中图块〉→【矩形屏蔽】(JXPB)
右键菜单命令：〈选中图块〉→【精确屏蔽】(JQPB)
右键菜单命令：〈选中图块〉→【取消屏蔽】(QXPB)

本命令可以灵活地处理图块与背景的遮挡关系，而无需对背景进行物理上的剪裁。但是，如果背景对象是在图块之后创建的，则需要用中望 CAD 提供的【绘图顺序】命令来调整背景对象的显示顺序，使其置于图块对象之后。

1. 矩形屏蔽

【矩形屏蔽】命令以图块围合的长度 X 和宽度 Y 为矩形边界，对背景进行屏蔽，如图 11-5 所示。

2. 精确屏蔽

【精确屏蔽】命令只对二维图块有效，它是以图块的轮廓为边界，对背景进行精确屏蔽，如图 11-6 所示。对于某些外形轮廓过于复杂或者制作不精细的图块而言，图块轮廓可能无法搜索出来，系统会给出提示。

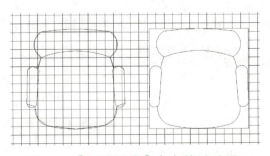

图 11-5 【矩形屏蔽】命令前后对照

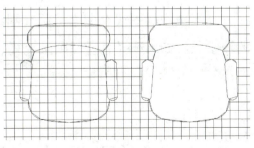

图 11-6 【精确屏蔽】命令前后对照

3. 取消屏蔽

【取消屏蔽】命令用于将设置了屏蔽的图块取消其对背景的屏蔽。

4. 屏蔽框开关

系统默认在矩形屏蔽的边界处显示屏蔽框,【屏蔽框开关】命令可控制屏蔽框的显示。

11.1.4 图块改层

屏幕菜单命令:【图块图案】→【图块改层】(TKGC)

本命令用于修改块定义的内部图层,以便能够区分图块不同部位的性质。图块内部往往包含不同的图层,在不分解图块的情况下是无法更改这些图层的,而在有些情况下需要改变图块内部的图层。

【图块改层】命令操作步骤:

1)用【图层特性管理】命令新建准备采用的新图层——"木质床头"。

2)打开一个准备改变内部图层的图块,比如将图 11-7 中的 "bar" 改成 "木质床头"。

3)进入【图块改层】对话框,其中左侧为图块的 "原层名" 和修改后的 "新层名";右侧为可用的当前系统图层("全部图层")。

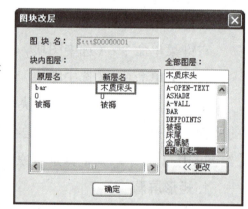

图 11-7 【图块改层】对话框

注意,在发生改动前,图块的原层名和新层名是相同的。

4)选中一个原层名,如 "bar";然后在右侧的 "全部图层" 下面选一个新名称,如 "木质床头",单击【更改】按钮使改变生效,这就完成了【图块改层】命令。

> **注意:**
>
> 如果选中的图块有多个参照,则系统提示修改全部的块参照或只修改当前的块参照。如果选择后者,则系统复制一个新的块定义给选中的块参照使用。

11.1.5 快速插块

屏幕菜单命令:【图块图案】→【快速插块】(KSCK)

本命令提供比【图库管理】命令更加便捷的插入图块的方式，采用了浮动对话框，可在多种图块来回切换操作的同时即换即插，如图 11-8、图 11-9 所示。

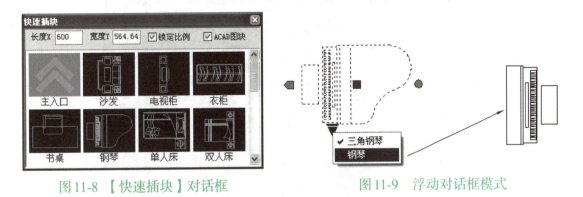

图 11-8 【快速插块】对话框　　　　　图 11-9 浮动对话框模式

任务 11.2　创建图案

中望建筑 CAD 的填充图案和线性图案系统附带的图案资源十分丰富，涵盖了建筑制图常用的多种图案样式，并且能够方便地管理图案资源、创建新图案，填充时支持动态预览和自动闭合边界线功能。

11.2.1　图案管理

屏幕菜单命令：【图块图案】→【图案管理】（TAGL）

本命令提供的图案库，不仅包括了中望 CAD 提供的基本图案，还补充了建筑制图需要的许多常用图案，这些建筑制图需要的常用图案都有专门的标志，使得本命令只管理这些符合国家现行建筑制图标准的图案；对于其他的中望 CAD 的基本图案，本命令会自动过滤掉，不予理会。

【图案管理】命令的对话框和【图库管理】命令的对话框有很多相似之处，图 11-10 所示为【图案管理】对话框。

1. 建立图案

本命令包括新建图案和重建图案两种操作，可将用中望 CAD 图元表示的图案单元转化为图案样式，并加入图案库或替换图案库内的已有图案。

新建图案的操作步骤如下：

1）先在屏幕上绘制准备入库的图形，图层及图形所处的坐标位置和大小不限。构成图形的图元只限点、直线、圆弧和圆四种。

2）按命令行提示输入图案名称，按 <Enter> 键引出下个命令行。

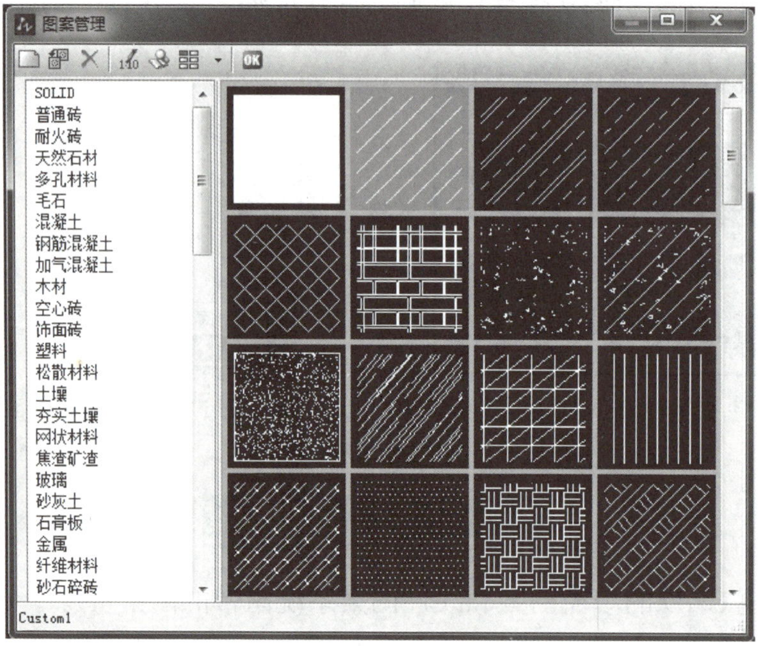

图 11-10 【图案管理】对话框

3）按命令行提示，选定准备绘制成新图案的图形对象。

4）选择图案基点，注意尽量选在一些有特征的点上，比如圆心或直线和弧的端点。

5）确定基本图元的横向重复间距，可用光标选取两点确定间距，此间距是指所选中的图形在水平方向上的重复排列的间隔。

6）同理，确定基本图元的竖向重复间距。

7）等待系统生成过程，生成后在【图案管理】对话框的最后位置可找到新建的图案。

2. 修改图案比例

本命令用于调整图案样式的比例，以便和国家现行制图标准相适应。对于已有的图案，如果使用出图比例作为填充比例时仍然与国家现行制图标准不适应的话，可以在此更改，修改图案比例。【修改图案比例】对话框如图 11-11 所示。

3. 图案预览选项

本命令用于修改预览图片的显示尺寸和图案比例，不影响库内的图案。图 11-12 中的【预览比例】一般取"1"，不需要更改，即相当于在纸面上预览；

【边界长】和【边界宽】是指预览的这些填充图案所采用的矩形边界的大小,相当于纸面上的一块填充区域。

图11-11 【修改图案比例】对话框

图11-12 【图案预览选项】对话框

11.2.2 图案填充

屏幕菜单命令:【图块图案】→【图案填充】(TATC)

本命令可以取代中望CAD的填充命令,调用中望建筑CAD提供的图案资源对图中需要进行填充的区域进行图案填充。

【图案填充】命令操作步骤:

1)选取图11-13左侧的图案预览图片进入【图案管理】对话框,选择需要的图案。

图11-13 【图案填充】对话框

2)图案比例默认为当前图档的当前比例,根据需要输入新值或接受默认值。

3)确定是否准备填充不闭合的区域。

4)确定是否需要进行孤岛检测。

5)如果需要进行孤岛检测,旋转图案的角度。

6)根据命令行的提示,在图中选取准备填充的区域的组成图元。

7)在填充区域上移动光标,系统动态显示图案填充的范围和效果,满意后直接选取完成填充。

【图案填充】命令的三种填充形式如图11-14所示。

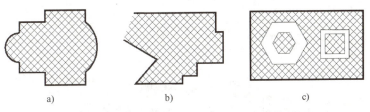

图11-14 【图案填充】命令的三种填充形式

a)常规填充 b)边界自动闭合填充 c)孤岛检测填充

11.2.3 图案编辑

右键菜单命令：〈选中图案〉→【图案加洞】(TAJD)

右键菜单命令：〈选中图案〉→【图案消洞】(TAXD)

这两个命令用于在已有的填充图案中添加或消除空洞，空洞的边界有圆形剪裁、多边形剪裁、多边线定边界和图块定边界四种方式（图 11-15）。

图 11-15　图案加洞的四种方式

11.2.4 木纹填充

屏幕菜单命令：【图块图案】→【木纹填充】(MWTC)

木纹图案和其他图案的特征不一样，不适合用【图案对象】命令来表示，中望建筑 CAD 使用具有木纹纹理的图形来填充木纹。木纹填充如图 11-16 所示。

【木纹填充】命令操作步骤：

1）根据命令行提示输入矩形边界或直接按 <Enter> 键选取已有的边界线。

2）根据命令行提示选定一种木纹类型，即"[横纹（H）/竖纹（S）/断纹（D）/自定义（Z）]"。

3）根据需要改变基点、旋转图案或缩放比例。

4）选取插入位置。

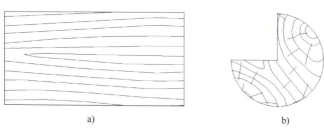

图 11-16　木纹填充

a）矩形填充　b）自选边界填充

> **注意：**
> 木纹图案采用了建筑图块，可采用【工具二】下的【图形剪裁】命令对图案进行再次填充。

11.2.5 线图案

屏幕菜单命令：【图块图案】→【线图案】(XTA)

中望建筑 CAD 的线图案对象由路径排列对象来实现，通过对线图案单元沿着指定的路径生成路径排列对象。线图案的素材来自线图案库，它是一个专用的图库，其中存放着常用线图案的单元图块。执行【线图案】命令后弹出【绘制线图案】对话框，如图 11-17 所示。

图 11-17 【绘制线图案】对话框

【绘制线图案】命令操作步骤：

1）选取【绘制线图案】对话框左侧的图案预览图片进入线图案库，如图 11-18 所示，选择需要的线图案。

2）确定图案的填充宽度，即图中的实际尺寸。

3）确定图案的生成基点，以图案预览图片的上、中、下位置作为参考。

4）按动态选点方式输入线图案的路径，或选择已有的曲线（直线、多段线或圆弧）作为路径，系统支持动态观察基点对齐的位置，可以在上、中、下切换，按 <Enter> 键确定。

5）在图中以【选线】命令作路径参考线时，图案与路径参考线的对齐关系与路径参考线的绘制方向有关。当以圆弧作为路径参考线时，基点在上，图案基点与圆弧对齐且图案始终置于圆弧外侧；基点在下，图案基点与圆弧对齐且图案始终置于圆弧内侧。

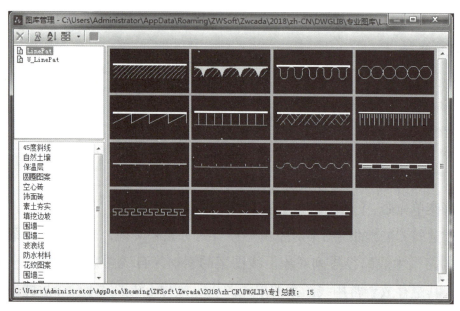

图 11-18　线图案库

> **注意：**
> 线图案入库的时候，幻灯片是单元图片，不能直观反映线图案，应当重建幻灯片，即在重建图块的时候空选对象。

项目 12　巧用辅助工具

本项目内容包括

■ 设置视口工具

■ 巧用对象工具

■ 妙用绘图辅助工具

● 任务目标

通过对本项目的学习，掌握以下技能与方法：

1. 学会使用中望 CAD 建筑版软件的视口工具。

2. 学会使用中望 CAD 建筑版软件的对象工具。

3. 学会使用中望 CAD 建筑版软件的绘图辅助工具。

● 任务内容

本项目介绍中望 CAD 建筑版软件的辅助工具，包括视口工具、对象工具和绘图辅助工具。学习完本项目，要求能灵活应用中望 CAD 建筑版软件的辅助工具。

● 实施条件

1. 台式计算机或笔记本电脑。

2. 中望 CAD 建筑版软件。

任务 12.1　设置视口工具

12.1.1　视口拖放

中望建筑 CAD 采用十分方便的鼠标拖拽方式建立和取消视口，将光标置于视口边缘，当出现双向箭头时按住鼠标左键向需要的方向拖拽，即可达到添加或取消视口的目的。从概念上讲，中望建筑 CAD 有模型视口和布局视口之分，本任务所说的视口专指模型空间的视口。视口拖放如图 12-1 所示。

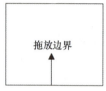  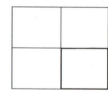

图 12-1　视口拖放

视口拖放的操作要点：

1）将光标置于视口边缘，当出现双向箭头时按住鼠标左键向需要的方向拖拽，以达到添加或取消视口的目的。

2）在多个视口的边界交汇处，当光标变成四向箭头时，可拖拽交汇处相关的视口边界同时移动。

3）按住 <Ctrl> 键可以只拖拽当前视口边界而不影响与其并列的其他视口。

12.1.2　视口放大与恢复

1. 屏幕菜单命令：【工具一】→【视口放大】（SKFD）

本命令用于在模型空间多视口的模式下，将当前视口放大充满整个中望建筑 CAD 的图形显示区，以便更清晰地观察视口内的图形。

2. 屏幕菜单命令：【工具一】→【视口恢复】（SKHF）

本命令用于将放大的视口恢复到原状。

任务 12.2　巧用对象工具

12.2.1　测包围盒

屏幕菜单命令：【工具一】→【测包围盒】（CBWH）

本命令用于测定对象集的外边界，命令行给出选择的对象集在世界坐标系

(WCS)中三个方向的最大边界的 X 值、Y 值和 Z 值,同时在平面图中显示一个外边界虚框,如图 12-2 所示。

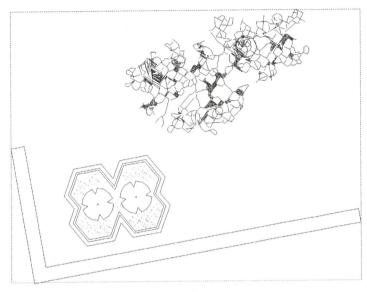

图 12-2 测包围盒

12.2.2 对象可见性

屏幕菜单命令:【工具一】→【隐藏可见】(YCKJ)

【工具一】→【恢复可见】(HFKJ)

【隐藏可见】命令能够把妨碍观察和操作的对象临时隐藏起来,利用【恢复可见】命令可以重新恢复可见性。执行【隐藏可见】命令弹出【请选择局部隐藏或可见】对话框,如图 12-3 所示。

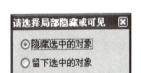

图 12-3 【请选择局部隐藏或可见】对话框

在三维操作中,经常会遇到前方的物体遮挡了想操作或想观察的物体的情况,这时可以把前方的物体临时隐藏起来,以方便观察或进行其他操作。在二维应用中,【隐藏可见】命令也可以发挥作用,例如在搜索立面轮廓前,可以先把无关的物体(立面门窗)隐藏起来,以便更准确地选择参加搜索的对象。图 12-4 显示的是把屋顶隐藏前后的对比。

图 12-3 所示对话框中的两个选项是为解决选取对象的难易程度而设定的,假如要隐藏的对象数量比较少,选取又很方便,以【隐藏选中的对象】选项为佳;相反,如果准备隐藏的对象很难选取,数量又很多,则【留下选中的对象】

选项是不错的选择。

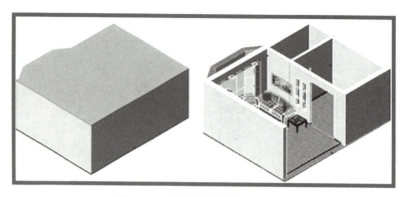

图 12-4　屋顶隐藏前后的对比

> **注意：**
>
> 另有【局部可见】(JBKJ) 和【局部隐藏】(JBYC) 两个命令可以用来控制对象的可见性，适合于先选物体、后执行命令的情况。

12.2.3　过滤选择

屏幕菜单命令：【工具一】→【过滤选择】(GLXZ)

本命令用于辅助使用者在复杂的图形中筛选出符合过滤条件的对象并建立选择集，以便进行批量操作。执行本命令后弹出【过滤条件】对话框，如图 12-5 所示，对话框中提供五类过滤条件，只有勾选的过滤条件起作用。

图 12-5　【过滤条件】对话框

1)【过滤条件】对话框选项和操作解释（【常规】选项）：

①【图层】的过滤条件为图层名，比如过滤参考图元的图层名为"A"，则选取对象时只有 A 层的对象才能被选中。

②【颜色】的过滤条件为图元对象的颜色，目的是选择颜色相同的对象。

③【线型】的过滤条件为图元对象的线型，比如删去虚线。

④【对象类型】的过滤条件为图元对象的类型，比如选择所有的多段线。

⑤【图块名称或门窗编号】的过滤条件为图块名称或门窗编号，一般在快速选择同名图块或编号相同的门窗时使用。

每类过滤条件可以同时选择多个，即采用多重过滤条件进行选择；也可以连续多次使用【过滤选择】命令，多次选择的结果自动叠加。

2）图 12-5 中的【墙体】【柱子】【门窗】和【房间】选项是将建筑数据作为过滤条件，批量选出建筑构件和房间对象。

【过滤选择】命令操作步骤：

①选择要过滤的选项，五类过滤选项同时只能有一种有效。

②在选择的过滤选项中勾选过滤条件，可多选。

③命令行提示"请选择一个参考对象"时，选取作为过滤条件的对象。

④接着命令行提示"选择对象"，可在复杂图形中单选或框选对象，系统自动过滤出符合条件的对象组成选择集。

⑤命令结束后，可对选择集对象进行批量操作。

12.2.4 对象查询

屏幕菜单命令：【工具一】→【对象查询】(DXCX)

本命令通过光标在各个对象上面移动来动态查询并显示其信息，还可以单击对象进入【对象编辑】命令。

调用【对象查询】命令后，光标靠近对象时屏幕上就会出现数据文本窗口（图 12-6），显示该对象的有关数据，此时如果选取对象，则自动调用【对象编辑】命令进行编辑修改。修改完毕后可继续进行对象查询。

对于建筑对象，【对象查询】命令可反映该对象的详细数据；

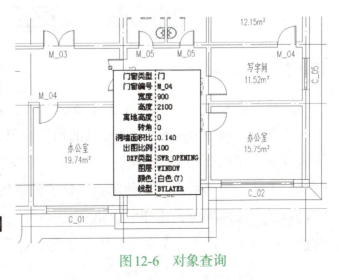

图 12-6　对象查询

而对于中望 CAD 的标准对象，【对象查询】命令只列出对象类型和通用的图层、颜色、线型等信息。

12.2.5 对象编辑

屏幕菜单命令：【工具一】→【对象编辑】(DXBJ)

本命令依照所面向的自定义对象，自动调出对应的编辑功能进行编辑，大部分的建筑对象支持本功能。

12.2.6 布尔编辑

屏幕菜单命令：【工具一】→【布尔编辑】(BEBJ)

本命令利用布尔交集、布尔并集、布尔差集的方法修改对象的边界，目前支持如下对象：

1）建筑对象：平板、双跑楼梯、房间、柱子、人字坡顶。

2）中望 CAD 对象：封闭多段线和圆。

12.2.7 对象编组

屏幕菜单命令：【工具一】→【解除编组】(JCBZ)
　　　　　　　　【编组开/关】

【编组开/关】命令用于控制剖面楼梯、其他楼梯和自动扶梯等对象是否整体按组创建，而【解除编组】命令则用于将图中的编组解除。

任务 12.3　妙用绘图辅助工具

12.3.1 新建矩形

屏幕菜单命令：【工具二】→【新建矩形】(XJJX)

矩形对象是中望建筑 CAD 定义的通用对象，具有二维和三维两种特征，能够表现出丰富的二维和三维形态，对象的外轮廓在拖动夹点发生改变时始终保持矩形形状。矩形可用于多种场合，除了简单的矩形外，还可以表达各种设备、家具以及三维网架等，比如中望建筑 CAD 中的电梯、地面分格等都采用了矩形对象。执行【新建矩形】命令弹出【矩形】对话框，如图 12-7 所示。

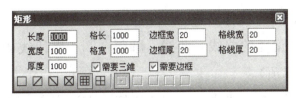

图 12-7 【矩形】对话框

1.【矩形】对话框选项和操作解释:

1)【长度】【宽度】分别是指矩形的长度和宽度。

2)【格长】【格宽】是指选定矩形内部分格时的分格尺寸。

3)【需要边框】是指给奇数和偶数分格的矩形设定边框。

4)【需要三维】用于赋予矩形三维属性,可用相关三维参数打开。

5)【厚度】用于赋予三维矩形的高度,使其成为长方体。

6)【边框宽】【边框厚】是指三维矩形的边框截面尺寸。

7)【格线宽】【格线厚】是指三维矩形内部分格的截面尺寸。

2. 用【矩形】对话框下部的图标按钮确定矩形的形式

中望建筑 CAD 的矩形对象具有五个与建筑图块类似的夹点,其意义和操作规则也相同,可用 <Ctrl> 键控制夹点在"移动"和"对角拉伸"、"中心旋转"之间切换。矩形对象的变化形式如图 12-8 所示。

图 12-8 矩形对象的变化形式

> **注意:**
> 矩形具有二维对象和三维对象的属性,二维矩形在三维视图中不可见,而三维矩形在二维视图下均可见。

12.3.2 路径排列

屏幕菜单命令:【工具二】→【路径排列】(LJPL)

本命令用于沿着选定的路径排列生成指定间距的单元对象(图块或图元),常用于为楼梯扶手生成栏杆。

1.【路径排列】命令操作步骤

1）准备好作为路径的曲线：曲线、圆弧、圆、多段线或可绑定的对象（路径曲面、扶手、坡屋顶）。

2）从图库中调出单元图块，例如从栏杆库中调出栏杆单元。也可以创建新的排列单元，如圆柱体等。

3）如果需要，用【对象编辑】命令修改单元图块的尺寸。

4）选取【路径排列】命令，按命令行提示选取排列路径。

5）选取准备在路径上排列的单元对象。

2.【路径排列】对话框（图12-9）选项和操作解释

1）【单元宽度】是指排列单元对象时的单元间距，由选中的单元对象获得单元宽度的初值。

2）【初始间距】是指当栏杆沿路径生成时，第一个单元与起始端点之间的水平间距，初始间距与单元对齐的方式有关。

3）【单元基点】是指默认的单元基点位于单元对象的外包轮廓的形心，在二维视图中选取单元基点更准确。注意单元间距应取栏杆单元的宽度，而不能是栏杆立柱的尺寸。

4）【单元自调】：单元对象在排列时如果不能刚好排满，会剩余小于一个单元宽度的空白段，选择本项后，单元对象将进行微小的"挤压和拉伸"而排满到路径上。

5）【齐中间】是指单元对象的基点与路径起点对齐。

6）【齐左边】是指单元对象的基点与路径起点的半个单元宽度处对齐。

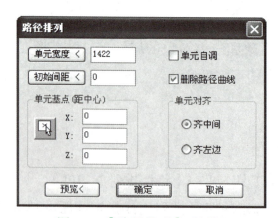

图12-9 【路径排列】对话框

> **注意：**
> 路径排列的单元对象是从路径的起始点开始按顺序进行排列的，所以要正确掌握路径创建时的起点和方向。

12.3.3 线段处理

1. 屏幕菜单命令：【工具二】→【线变 PL】（XBPL）

本命令用于将若干段彼此衔接的直线、圆弧和多段线连接成整段的多段线。

2. 屏幕菜单命令：【工具二】→【Spl 转 PL】

本命令用于将样条曲线和椭圆线转成多段线。

3. 屏幕菜单命令：【工具二】→【连接线段】（LJXD）

本命令用于将两根位于同一直线上的线段或两段同心等半径的弧段或相切的直线与圆弧相连接。

4. 屏幕菜单命令：【工具二】→【交点打断】（JDDD）

对同一平面内的直线、多段线和圆弧，使用本命令可在交点处进行打断处理。

5. 屏幕菜单命令：【工具二】→【加粗曲线】（JCQX）

本命令用于将直线、圆弧和多段线按指定宽度加粗，对于直线和圆弧可自动转变为多段线。

6. 屏幕菜单命令：【工具二】→【消除重线】（XCCX）

本命令用于在二维图中处理属于同图层的搭接曲线和重合曲线对象（直线、圆弧和圆）。

> **注意：**
> 1）完全重合的要保留最长的那根曲线。
> 2）部分重合的按最大长度整合成一根曲线。
> 3）搭接的自动合成一整根曲线。
> 4）多段线须先将其分解为直线后才能参与处理。

12.3.4 统一标高

屏幕菜单命令：【工具二】→【统一标高】(TYBG)

本命令用于整理平面图中二维图形对象各节点的 Z 坐标不一致的问题，避免出现错乱的捕捉和数据错误。本命令能够处理包含在图块内的图元。

12.3.5 搜索轮廓

屏幕菜单命令：【工具二】→【搜索轮廓】(SSLK)

本命令用于智能搜索二维图形对象的外轮廓，并将轮廓线加粗为实线。【搜索轮廓】对话框如图 12-10 所示。

图 12-10 【搜索轮廓】对话框

【搜索轮廓】命令可以搜索三种类型的轮廓：

1)【搜索最外轮廓】是指选中对象的包络线。

2)【搜索指定轮廓】是指对选中的对象进行区域分析，由用户选取指定，光标移动的时候可动态给出反馈信息。

3)【搜索立面轮廓】：和【最外轮廓】相似，只是轮廓为开口，把 Y 值最小的边给去掉了。

搜索轮廓如图 12-11 所示。

图 12-11 搜索轮廓

12.3.6 图形裁剪

屏幕菜单命令：【工具二】→【图形裁剪】(TXCJ)

本命令以选定的矩形窗口、封闭曲线或图块边界作为参考，对平面图内的建筑图块和中望 CAD 二维图元进行剪裁删除，主要用于立面图中构件遮挡关系的处理。图形裁剪如图 12-12 所示。

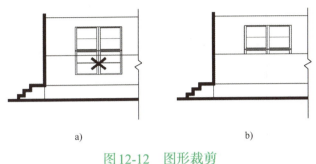

图 12-12　图形裁剪

a）立面窗裁剪前　b）立面窗裁剪后

12.3.7　图形切割

屏幕菜单命令：【工具二】→【图形切割】（TXQG）

本命令以选定的矩形窗口、封闭曲线或图块边界作为参考，在平面图内切割并提取一部分图形作为详图的底图，图形切割不破坏原有图形的完整性。

【图形切割】命令操作步骤：

1）确定切割边界。直接在平面图中按矩形边界切割，或按系统提示在【多边形裁剪】【多段线定边界】【图块定边界】三个选项中选择一种剪切边界。

2）提取切割出来的部分图形，插入合适的位置备用。

图形切割如图 12-13 所示。

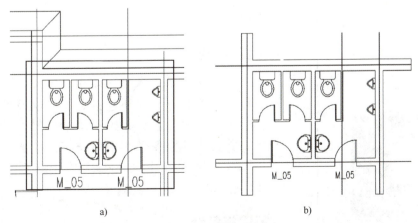

图 12-13　图形切割

a）确定切割范围　b）切割提取的图形

项目 13　绘制总图

本项目内容包括

■ 创建地形工具

■ 创建道路车位

■ 绘制总图绿化

■ 绘制总图标高与坐标

■ 设置总图辅助

● 任务目标

通过对本项目的学习，掌握以下技能与方法：

1. 学会使用中望 CAD 建筑版软件的地形工具。

2. 学会使用中望 CAD 建筑版软件的道路车位工具。

3. 学会使用中望 CAD 建筑版软件的总图绿化工具。

4. 学会使用中望 CAD 建筑版软件的总图标高与坐标工具。

5. 学会使用中望 CAD 建筑版软件的总图辅助工具。

● 任务内容

建筑图纸不仅包括建筑平面图、立面图、剖面图及各种详图，还包括总图、地形图和规划设计图等。本项目介绍绘制总图的相关工具，这些工具极大地方便了总图的绘制，提高了用户的工作效率。学习完本项目，要求能正确使用中望 CAD 建筑版软件绘制总图。

● 实施条件

1. 台式计算机或笔记本电脑。

2. 中望 CAD 建筑版软件。

任务 13.1　创建地形工具

对于一个拟建的工程项目，设计的重要依据之一就是有关部门提供的地形图，其中附有详细的坐标、高程、项目用地红线等信息。通常情况下，用户需要对这些信息进行适当处理，方可用于设计之中。

13.1.1　转地形图

屏幕菜单命令:【总图平面】→【转地形图】(ZDXT)

本命令用于将 DWG 地形图文件转成用户需要的地形图格式文件，转换后的地形图置于"总 – 地形"图层。本命令内嵌【清理】和【统一标高】选项，可自动清理垃圾信息和修复图形标高。

13.1.2　建筑红线

屏幕菜单命令:【总图平面】→【红线绘制】(HXHZ)

屏幕菜单命令:【总图平面】→【红线退让】(HXTR)

本组命令用于绘制建筑红线和处理退让。

1）执行【红线绘制】命令时，选取红线的各个节点，单击鼠标右键结束绘制，图形自动闭合，线型为多段线，所绘的红线置于"总 – 红线"图层。

2）执行【红线退让】命令时，对已有红线进行退让处理，操作步骤如下：

①选取准备进行退让处理的红线。

②在节点处模糊选取不同退让距离的分界点，直接按 <Enter> 键或单击鼠标右键整体退让。

③逐段输入退让距离，按 <Enter> 键一次即退让一段，可逐段预览退让情况，全部退让结束后退让生效。

红线退让如图 13-1 所示。

图 13-1　红线退让

13.1.3　提取单体

屏幕菜单命令:【总图平面】→【提取单体】(TQDT)

本命令用于从外部 DWG 文件中提取单体建筑的轮廓，操作要点如下：

1）如果 DWG 文件中没有建筑轮廓，系统给出提示并退出。

2）如果 DWG 文件中只有一个建筑轮廓，系统进行提取。

3）如果 DWG 文件中有多个建筑轮廓，系统只提取首层楼层框内的建筑轮廓。

4）如果 DWG 文件的首层中没有建筑轮廓，但其他层有，系统不提取。

任务 13.2　创建道路车位

本任务介绍总图中与道路、地下坡道以及车位布置相关的功能。

13.2.1　道路绘制

屏幕菜单命令：【总图平面】→【道路绘制】（DLHZ）

【总图平面】→【道路倒角】（DLDJ）

本组命令用于道路的绘制和倒角，操作时，道路可以按基线、左边和右边三种方式定位绘制，道路宽度取左宽和右宽之和；勾选【倒角】选项并设置【倒角半径】，可在绘制过程中直接倒角。也可以去掉【倒角】选项，绘制好道路后再用【道路倒角】命令处理倒角。执行【道路绘制】命令弹出【绘制道路】对话框，如图 13-2 所示。

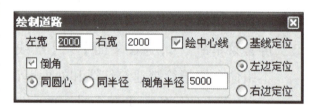

图 13-2　【绘制道路】对话框

13.2.2　道路标高

屏幕菜单命令：【总图平面】→【道路标高】（DLBG）

本命令用动态的方式计算并标注道路基线上特定点的标高，有两种方式：

1）选取两个标高，确定一根基准线（道路中心线），光标在基准线上拖动的同时动态显示标高，选取后标注。

2）选取一个标高并输入一个坡度，确定一根基准线（道路中心线），光标在基准线上拖动的同时动态显示标高，选取后标注。

13.2.3　道路坡度

屏幕菜单命令：【总图平面】→【道路坡度】（DLPD）

本命令用于计算并标注道路坡度，有两种方式：

1）自动标注：根据道路上已有两个点的标高值，在两点中间的道路基线上自动计算并标注坡度。

2）人工标注：人工确定坡度方向，输入坡度和坡长，然后标注出道路坡道。道路坡度如图 13-3 所示。

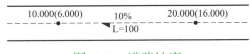

图 13-3　道路坡度

13.2.4　地下坡道

屏幕菜单命令：【总图平面】→【地下坡道】（DXPD）

本命令用于绘制地下坡道，类似【道路绘制】命令。本命令操作要点如下：

1）可以按基线、左边和右边三种方式定位绘制。

2）坡道宽度取左宽和右宽之和。

3）勾选【绘中心线】选项可绘制坡道中心线。

4）绘制出的坡道可成组表示。

【地下坡道】对话框如图 13-4 所示。

图 13-4　【地下坡道】对话框

13.2.5　布置车位

屏幕菜单命令：【总图平面】→【布置车位】（BZCW）

本命令用于车位的布置，本命令对话框如图 13-5 所示。

【布置车位】对话框选项和操作解释：

1）【有停车】是指插入汽车块。

2）【单斜线】是指对角的单线。

3）【双斜线】是指车位朝向的双斜线。

4）【倾斜角度】指定了车位基线和车位朝向的夹角，但【沿曲线布置】命令只支持 90°。

图 13-5 【布置车位】对话框

【布置车位】命令操作步骤：

1）设置【布置车位】对话框中的车位数据。

2）车位数据设置完成后，在屏幕上取 2 点作为基线并沿此基线布置车位，或执行【沿曲线布置】命令，即选择已有的曲线进行车位布置。

两种车位布置形式如图 13-6、图 13-7 所示。

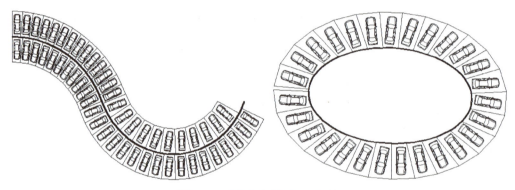

图 13-6 沿多段线布置车位

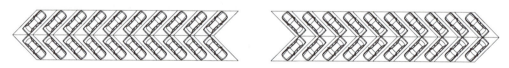

图 13-7 两点双排布置车位

任务 13.3 绘制总图绿化

本任务介绍总图中与树木、灌木丛、草坪等绿化相关的功能。

13.3.1 树木布置

屏幕菜单命令：【总图平面】→【树木布置】(SMBZ)

本命令用于按指定的方式布置树木，提供三种布置选项：

1）【单个插入】选项用于单个任意插入。

2）【沿线插入】选项支持直线、圆弧、多段线等线段的沿线插入，可指定偏移距离和方向，适用于道路两边的树木带布置。

3）【区域布置】选项支持多选树木，支持已有的闭合曲线区域或者自绘区域的布置，系统可自动随机布置。区域布置树木如图 13-8 所示。

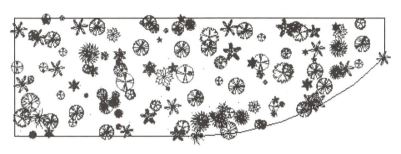

图 13-8　区域布置树木

13.3.2　树木标名

屏幕菜单命令：【总图平面】→【树木标名】（SMBM）

本命令用于给布置好的树木标注名称。树木标名如图 13-9 所示。

13.3.3　布灌木丛

屏幕菜单命令：【总图平面】→【布灌木丛】（BGMC）

本命令用于快速绘制示意性的灌木丛，可用光标拖动绘制，拖动的速度决定了单个灌木丛的大小。布灌木丛如图 13-10 所示。

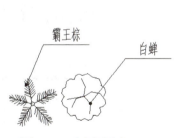

图 13-9　树木标名

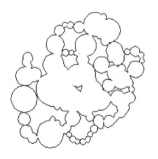

图 13-10　布灌木丛

13.3.4　绘制草坪

屏幕菜单命令：【总图平面】→【绘制草坪】（HZCP）

本命令用于绘制草坪，有两种绘制方式：

1)选取一点作为中心,再选取第二点确定半径,形成一个内密外疏的"草坪笔"(图 13-11),然后用鼠标在需要布置草坪的地方逐点绘制,形成大片草坪。

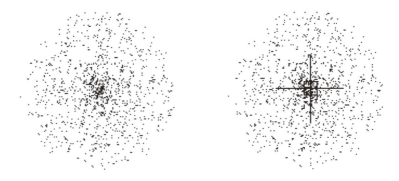

图 13-11 "草坪笔"示意

2)选取已有的闭合曲线区域或自绘区域,系统自动在该区域内布置草坪。

由【绘制草坪】命令生成的草坪为块对象,绘制时支持草坪的密度设置(稠密、适中、稀疏)。

任务 13.4　绘制总图标高与坐标

13.4.1　总图标高

屏幕菜单命令:【总图平面】→【总图标高】(ZTBG)

本命令用于标注总图的标高和道路高程,支持绝对标高和相对标高的换算,提供三种标注样式。

【总图标高】对话框如图 13-12 所示,勾选【换算关系】选项,绝对标高与相对标高的换算值就会生效,二者关系成立,输入任何一个值,另外一个值自动改变。

图 13-12 【总图标高】对话框

13.4.2　坐标标注

屏幕菜单命令:【尺寸标注】→【坐标标注】(ZBBZ)

本命令用于在平面图中根据"基准坐标"标出若干个测量坐标系或施工坐标系,支持毫米单位绘图的米制标注和米单位绘图的米制标注。

"基准坐标"是坐标系的基准点,因此必须保证基准坐标值和指北方向的正确性。其他坐标值均以基准坐标为参考进行标注。当在一张图中绘制多个总图时，需要给每个总图建立一个坐标系，每个坐标系的坐标值只能隶属唯一的一个基准坐标。

有些版本的中望建筑CAD拥有【动态标注】功能，当改变坐标位置的时候，坐标系的坐标值随之改变。在【坐标标注】对话框的控制栏里有【动态标注】的按钮控制它的开和关。

> **注意：**
> 系统默认为毫米单位绘图的米制标注，如果需要米单位绘图的米制标注，请在中望CAD平台的【选项】→【建筑设置】页面中勾选【米制单位】选项。

13.4.3 坐标检查

屏幕菜单命令：【尺寸标注】→【坐标检查】(ZBJC)

本命令以选定的基准坐标为参照，对其他坐标进行正误检查，并根据需要决定对错误的坐标进行哪种方式的纠正。

> **注意：**
> 1）当图中有多个基准坐标时，系统提示选择一个正确的基准坐标作为参考。
> 2）选择待检查的坐标。
> 3）根据命令行给定的方法纠正坐标，可以全部一次性纠正。

任务 13.5　设置总图辅助

13.5.1 面积计算

屏幕菜单命令：【总图平面】→【面积计算】(MJJS)

本命令用于累加各种含有面积属性的对象的总和，面积计算支持的对象包括房间对象、建筑轮廓、阳台对象、闭合或不闭合的多段线、数值开头的文字等（图 13-13）。面积计算统计结果的单位为平方米。

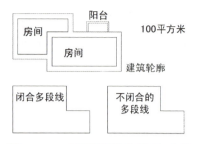

图 13-13　面积计算支持的对象

13.5.2　曲线长度

屏幕菜单命令:【总图平面】→【曲线长度】（QXCD）

本命令用于统计曲线的总长度，支持的对象包括多段线、直线、圆弧、圆、椭圆等。曲线长度统计结果的单位为米。

13.5.3　风玫瑰图

屏幕菜单命令:【总图平面】→【风玫瑰图】（FMGT）

本命令用于绘制风玫瑰和管理风玫瑰的数据，命令内置了全国各地的风向数据，【风玫瑰图】对话框如图 13-14 所示。

> **注意：**
> 1）命令行提示的"指北针方向"以 X 轴正方向为 0°。
> 2）进入【配置】选项可维护风玫瑰的参数。

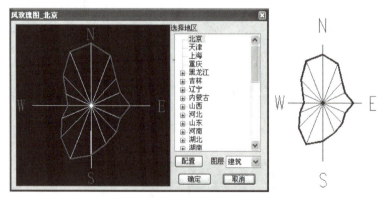

图 13-14　【风玫瑰图】对话框

13.5.4　总平图例

屏幕菜单命令:【总图平面】→【总平图例】（ZPTL）

本命令用于输出一个总平面图的图例表格。图 13-15a 所示的【总平图例】

对话框中，左列表框为全部图例，右列表框为准备输出的图例；图 13-15b 为具体图例。

> **注意：**
>
> 1）双击左列表框内的图例名称或选中一个图例后再单击右箭头 >>，把该图例加入右列表框中。
>
> 2）在右列表框中反向操作，可以把右列表框中的内容送回左列表框中。
>
> 3）【全选】按钮支持把左列表框中的图例全部移到右列表框中，【清空】按钮为反向操作。
>
> 4）右列表框中的图例支持拖动改变顺序。

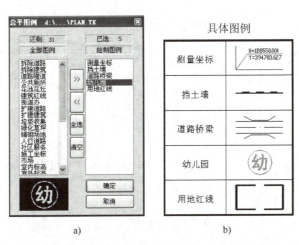

图 13-15 【总平图例】对话框和具体图例

项目 14　创建文件与布图设置

本项目内容包括

■ 创建楼层信息

■ 格式转换操作

■ 布置图纸

● 任务目标

通过对本项目的学习，掌握以下技能与方法：

1. 学会使用中望CAD建筑版软件进行楼层信息创建。

2. 学会使用中望CAD建筑版软件进行格式转换。

3. 学会使用中望CAD建筑版软件进行图纸布置。

● 任务内容

建筑CAD图纸在设计完成后，需要提交给有关的工程方，或打印输出，此时经常需要进行格式转化。中望CAD建筑版软件提供了一套满足多数用户需要的布图打印解决方案。学习完本项目，要求能正确使用中望CAD建筑版软件进行文件与布图设置。

● 实施条件

1. 台式计算机或笔记本电脑。

2. 中望CAD建筑版软件。

任务 14.1　创建楼层信息

建筑图纸以不同的方式表达建筑信息，特别是平面图，它表达了一个楼层空间内的建筑信息模型。利用楼层表可以使孤立的楼层模型转变成完整的建筑模型。

如果全部的平面图都在同一个图形文件里，那么可以使用楼层框，即内部楼层表；如果各个平面图是独立的 DWG 文件，那么可以使用外部楼层表。楼层表在需要使用楼层信息的各个命令中都会出现，如【三维组合】和【门窗总表】等命令。使用外部楼层表时，要注意定义各个平面图的基点（对齐点），在命令行键入"BASE"即可。

14.1.1　建楼层框

屏幕菜单命令：【文件布图】→【建楼层框】(JLCK)

当一套工程图样的各层平面集成在一个 DWG 文件中的时候，可用本命令定义每个平面图的楼层属性，建立平面图之间的联系，即标准层和自然层的对应关系，为后续的【门窗表】和【三维组合】命令做准备。

【建楼层框】命令操作步骤：

1）用矩形框确定平面图的范围。

2）确定对齐点，用于【三维组合】命令和立面图、剖面图的生成。

3）输入对应的自然层，例如"-1, 1, 3～7"。用于多个自然层时，填写各个自然层的层号，层号间用逗号分隔，如"2, 4, 6"；用于连续多个自然层时，填首尾层的层号，中间用"～"连接，如 2 至 5 层填为"2～5"；还可以合理地任意组合，如"2, 6～9, 13"。注意地下室的层号为负数，如地下 1 层填"-1"；层号不可为 0。

4）输入标高。楼层关系的公式为：上层底标高 = 本层底标高 + 本层层高，由首层到顶层依次确定各个自然层的底标高，然后进行叠加生成三维模型和立面图、剖面图。

建立起来的楼层框外观为矩形，其左下角的信息为层高信息和楼层信息，既可以采用【在位编辑】命令进行修改，也可以用【特性表】命令进行编辑。楼层框具有五个夹点，除四个顶点外还有一个对齐点，都可以用光标拖拽进行编辑，图 14-1 为一个楼层框的示例。

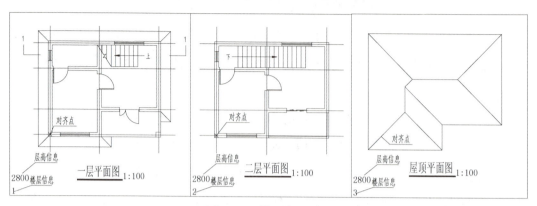

图 14-1　楼层框示例

14.1.2　三维组合

屏幕菜单命令：【文件布图】→【三维组合】（SWZH）

本命令依据楼层表的结构和参数，调用包含三维信息的各层 DWG 文件叠加构造完整的三维建筑模型。执行【三维组合】命令弹出【楼层组合】对话框，如图 14-2 所示。如果使用外部楼层表，则在【楼层组合】对话框中可以添加或修改楼层定义；否则，提取楼层框信息完成楼层表，且不可修改。

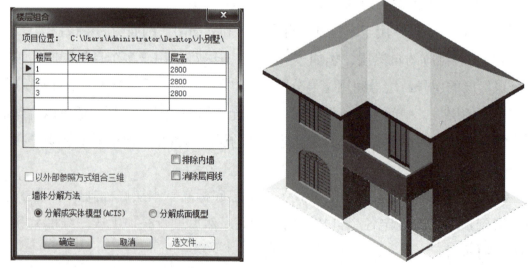

图 14-2　【楼层组合】对话框与三维模型

中望建筑 CAD 对工程图形文件管理的要求与用户的习惯是一致的，通常采取如下两种方式：一种方式是把一个工程的所有图形集中到一个 DWG 文件中；

另一种方式是把每个标准层单独保存成一个 DWG 文件，然后整个工程所有的 DWG 文件集中放置到一个文件夹中。中望建筑 CAD 的立面图、剖面图生成和三维组合能够处理上述两种图形文件的管理形式。

【楼层组合】对话框选项和操作解释：

1）【楼层】是指自然楼层号。

2）【层高】是指由 DWG 文件表达的自然层的楼层高度，以毫米为单位。

3）【文件名】是与自然层对应调用的 DWG 文件名，既可直接输入文件名，也可以通过【选文件…】按钮进入集中放置本工程图形的文件夹内选取。

4）【以外部参照方式组合三维】：如勾选此项，建筑模型中的每层 DWG 图形以外部参照的方式插入。注意复制到其他计算机中的文件必须将分层的 DWG 文件一同复制，才能确保正确显示本文件的建筑模型。本选项的优点是显示速度快，修改后的各平面图三维模型能够自动更新，且三维模型文件的体积很小。

5）【排除内墙】：如选中此项，生成三维模型时系统自动排除内墙，注意要预先对各标准层进行内外墙区分。

6）【消除层间线】：本选项仅对"外部参照"和"分解成面片"有效，如选择此项，三维模型之间的层间线不再显示。

7）【分解成实体模型（ACIS）】是指系统把各个标准层内的墙体和柱子分解成三维实体，用户可以使用相关的命令进行编辑，例如需要消除层间线时，使用本选项分解后可以对相邻的各个实体进行布尔并集运算。

8）【分解成面模型】是指系统把各个标准层内的墙体分解成网格面。

任务 14.2　格式转换操作

14.2.1　局部转换

屏幕菜单命令：【文件布图】→【转二维图】(ZEWT)

本命令用于将天正建筑文件、理正建筑文件或其他二维建筑文件识别并转换为中望建筑 CAD 格式的图档，按墙线、门窗、轴线和柱子所在的不同图层进行过滤识别。由于本命令是整图转换，因此对原图的质量要求较高，对于绘制比较规范和柱子分布不复杂的情况，本命令的成功率较高。

14.2.2 提条件图

屏幕菜单命令：【文件布图】→【提条件图】(TTJT)

本命令用于建筑专业与下行专业之间共享设计数据，将建筑图转换成各专业所需的条件图，提交给给水排水、暖通、电气和结构等专业。

14.2.3 图形导出

屏幕菜单命令：【文件布图】→【图形导出】(TXDC)

本命令用于将当前的中望建筑 CAD 图档转化并保存为可以兼容天正建筑的中望 CAD 基本对象。

14.2.4 批量导出

屏幕菜单命令：【文件布图】→【批量导出】(PLDC)

本命令与【图形导出】命令一致，区别在于能够成批导出，可以在打开的对话框中选择多个图档一次性导出。

14.2.5 分解对象

屏幕菜单命令：【文件布图】→【分解对象】(FJDX)

本命令提供了将图中选中的自定义对象分解为中望 CAD 普通图元的转换手段，适用于需要在纯中望 CAD 环境下进行浏览和出图或者准备将三维模型导入其他渲染器进行渲染时，由于其他渲染软件不支持自定义对象，需要采用本命令完成分解转换的情况。

注意自定义对象分解后会彻底失去先前的智能化特征，因此建议用户要备份分解前的图档，以便以后编辑修改。建议把分解后的图另存为新的文件。

> **注意：**
> 1）分解的结果与当前视图有关，如果要获得三维图形，必须先把视口设为某个方向的轴测视图，而在平面视图中分解只能获得中望 CAD 的二维平面图。
> 2）本命令不能分解包含在图块中的对象，因此要彻底转换整个文件，注意要使用【图形导出】命令。

14.2.6 图变单色

屏幕菜单命令：【文件布图】→【图变单色】(TBDS)

本命令用于将全图临时变成单一颜色，操作可恢复。

任务 14.3　布置图纸

14.3.1 布图原理

布图是指把多个选定的模型空间的图形分别按各自的出图比例倍数缩小，以视口的方式放置到图纸空间中，以备打印输出。中望建筑 CAD 设定：在模型空间绘图的时候，"WCS-X"方向为观看图纸时的右手方向，即面朝着"WCS-Y"方向识读图纸。因此，不管最后图纸怎么布置，创建图形的时候都要遵守这条规则。

在中望建筑 CAD 中，建筑构件在进行模型空间设计时都是按 1∶1 的实际尺寸创建的，布图后在图纸空间中这些构件对象相应缩小了出图比例的倍数，换言之，建筑构件无论当前比例多少都是按 1∶1 创建的，当前比例和改变比例并不影响与改变构件对象的大小。而对于图中的文字、符号和标注，以及断面充填和带有宽度的线段等注释性对象，则情况有所不同，它们在创建时的尺寸大小相当于输出图纸中的大小再乘以当前比例，可见它们与比例参数密切相关，因此在设定当前比例和改变比例时，只有这类注释性对象受到了影响。

建筑对象都有出图比例的参数，在布图时保证出图比例与当初的绘图比例一致是十分必要的。简而言之，布图后系统自动把图形中的构件和注释等所有选定的对象"缩小"一个出图比例的倍数，然后放置到给定的一张图纸上。重复对不同比例的图形操作这个过程，就是多比例布图。

14.3.2 设置当前比例

执行【设置】→【全局比例】命令，可以设置当前图的全局设置，包括当前比例。当前比例显示在状态条的左下角，新创建的对象都使用当前比例。

14.3.3 改变出图比例

屏幕菜单命令：【文件布图】→【改变比例】(GBBL)

本命令用于改变模型空间中某一个范围的图形的出图比例，使其图形内的文字、符号、注释类对象的比例与输出比例相适应，同时系统自动将其设置为新的当前比例。

本命令既可以在模型空间中使用，也可以在图纸空间中使用。如果图形尚未用【布置模型】命令布置到图纸空间中，则用本命令可以改变选定图形的出图比例，图中文字、符号、线宽、填充的比例也将发生改变；如果图形已经布置到图纸空间中，则可以删除由图纸空间生成的布图视口，然后在模型空间中改变出图比例，接着重新用【布置模型】命令布置到图纸空间中。

14.3.4 布置图形

屏幕菜单命令：【文件布图】→【布置图形】（BZTX）

本命令用于将模型空间中的某个范围的图形以给定的出图比例布置到图纸空间中。无论当前处于模型空间还是图纸空间，本命令都是进入模型空间中选取图形，然后切换到图纸空间中等待插入视口。

14.3.5 插入图框

屏幕菜单命令：【文件布图】→【插入图框】（CRTK）

本命令用于在模型空间或图纸空间中插入"标准图框"或"用户图框"，并可预览图幅。

14.3.6 图纸目录

屏幕菜单命令：【文件布图】→【图纸目录】（TZML）

本命令用于从一系列包含图框的 DWG 文件中提取图纸目录信息，并创建图纸目录的表格（目录表）。如果选择图纸目录模板，则可输出完整的图纸目录，超过单页则自动生成多页。

【图纸目录】命令操作步骤：

1）执行【图纸目录】命令，弹出对话框。

2）选择【添加文件】将准备提取目录的 DWG 文件加入，勾选【包含本图】则包括当前的 DWG 文件。

3）在表中提取目录信息：

①如果选择【确定】,则提取基本图纸目录。

②如果选择【选表模板】,系统选取自定义的图纸目录模板,则自动生成完整的图纸目录。

目录表提取项包括:序号、图号、图名、图幅和备注。对于自定义的图纸目录模板,这5个提取项的名称不允许更改,并需填在定制行中,表头行可任意填写。

编辑图框时注意要正确填写序号信息,这虽然在标题栏中无用,但在图纸目录中可被提取。

图纸目录的样例如图 14-3 所示。

图 14-3　图纸目录的样例

14.3.7　视口放大

屏幕菜单命令:【文件布图】→【视口放大】(SKFD)

图形布置到图纸空间后,只能在图纸空间中观察,且不可修改;如果要修改,就要回到模型空间中。选取【模型】标签回到模型空间时,需要进行视图操作(平移、缩放)才能定位到目标图形,【视口放大】命令提供了一个快捷的方法,在图纸空间中选择视口,可立即把该视口内的图形放大到绘图区。

项目 15　创建三维造型

本项目内容包括

■ 认识特征造型

■ 使用面模型工具

■ 使用三维编辑工具

● 任务目标

通过对本项目的学习，掌握以下技能与方法：

1. 学会使用中望 CAD 建筑版软件进行特征造型。

2. 学会使用中望 CAD 建筑版软件的面模型工具。

3. 学会使用中望 CAD 建筑版软件的三维编辑工具。

● 任务内容

中望 CAD 建筑版软件提供了三维工具和体量建模两个三维造型系统。三维工具根据三维物体的特征进行建模，包括板类模型、三维地面模型、网架模型和曲线放样模型等。体量建模使用参数化的基本形体和特征放样模型，通过布尔运算和三维切割生成复杂的三维物体，无论是基本形体还是复合形体，都支持再次编辑，编辑方式和创建方式完全一致。学习完本项目，要求能灵活应用中望 CAD 建筑版软件进行三维造型创建。

● 实施条件

1. 台式计算机或笔记本电脑。
2. 中望 CAD 建筑版软件。

任务 15.1　认识特征造型

中望建筑 CAD 根据建筑设计中常见的三维特征专门定义了若干对象，以满足这些常用特征的建模。

15.1.1　平板

屏幕菜单命令：【三维工具】→【平板】(PB)

广义的"平板"构件，可用作楼板、平屋顶、楼梯休息平台、镂空的装饰板和平板玻璃等，事实上任何平板状和柱状的物体都可以用平板来构造。平板对象不仅支持水平方向的板式构件，其他方向的斜板和竖板也可以，只要提前设置好用户坐标系即可。执行【平板】命令后弹出【新建平板】对话框，如图 15-1 所示。

【新建平板】对话框选项和操作解释：

1)【板厚】是指平板的厚度，正数表示平板向上生成，负数表示平板向下生成。厚度为 0 表示一个薄片。

图 15-1　【新建平板】对话框

2)【删除轮廓】是指生成平板后删除所有的轮廓线。

平板的生成操作很简单，框选一组闭合曲线，系统搜索最外侧的闭合曲线作为平板边界线，内部的闭合曲线则作为开洞的边界。平板的编辑采用【对象编辑】命令或双击平板进行，命令行提示："请选择【加洞（A）/减洞（D）/标高（E）/偏移（F）/板厚（T）/边可见性（V）】<退出>："，按需求选择回应可进行参数编辑：

①【加洞（A）】：选择平板中定义洞口的闭合多段线或圆，在平板上增加若干洞口。

②【减洞（D）】：鼠标单击平板中定义的洞口，从平板中移除该洞口。

③【标高（E）】：根据命令行提示输入新的标高值，可更改平板基面的标高。

④【偏移（F）】：根据命令行提示输入偏移值，使平板各边界产生偏移，正值表示向外偏移，负值表示向内偏移。

⑤【板厚（T）】：根据命令行提示输入新的厚度值，可更改板的厚度。

⑥【边可见性（V）】：用于控制二维视图中哪些边是可见的，如果不需要二维视图，则让所有边都不可见。其中，洞口的边无法逐个控制可见性。

除了上述命令外,还可以采用【布尔编辑】命令修改边界或添加洞口,也可以用夹点拖拽的方式改变边界的位置。

可以说,平板的用途很广,需要用户发挥空间想象力,不受限于"平板"二字,图15-2的顶盖就是平板的使用。

15.1.2 竖板

屏幕菜单命令:【三维工具】→【竖板】(SB)

本命令用于构造竖向的板件,用作装饰板、隔板等。与平板不同,竖板无须提前绘制多段线,系统依据输入的参数即可生成竖板。操作时,依据命令行提示,依次输入起点、终点、起点标高、终点标高、起边高度、终边高度以及板厚等参数,根据需要确定是否显示二维图形,即可完成一块竖板的创建工作。

图15-3是一个三维工具的综合应用,涵盖了竖板、平板、网架和路径曲面的应用,竖向遮阳板为竖板,横向遮阳板为平板,屋顶檐口采用了路径曲面对象,图中还有空间网架。

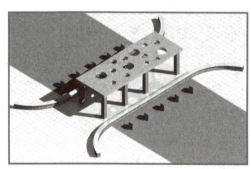

图15-2 平板的使用——顶盖

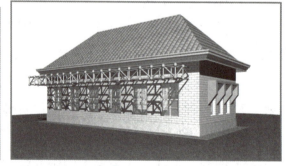

图15-3 竖板、平板、网架和路径曲面等三维工具的综合应用

15.1.3 路径曲面

屏幕菜单命令:【三维工具】→【路径曲面】(LJQM)

本命令采用"路径+截面"的造型方式,以多段线或圆为路径生成等截面的三维对象。

路径曲面是常用的造型方法之一,在三维构建中大量应用。路径可以是三维多段线或二维多段线和圆,多段线不要求必需封闭。生成后的路径曲面可以再次编辑修改，同时也可进行裁剪、延伸。【路径曲面】对话框如图 15-4 所示。

1.【路径曲面】对话框选项和操作解释

1)【路径选择】：单击选择按钮进入图 15-4 中所示的选择路径，选取成功后图标变为"√"且有文字提示。路径可以是直线、圆弧、圆、多段线或可绑定对象的路径曲面、扶手和多坡屋顶边线。

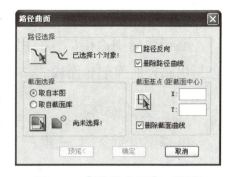

图 15-4 【路径曲面】对话框

2)【截面选择】：可在图中选取或进入图库选择，选取成功后图标变为"√"并有文字提示。截面可以是直线、圆弧、圆、多段线等对象。

3)【路径反向】：路径是有方向性的多段线，如在预览时发现三维结果反向了，选择本选项可使结果反转。

4)【截面基点】是指选定的截面与路径的交点，默认的截面基点为截面外包轮廓的形心，可选择本选项在截面图形中重新选取。

用户可以拖拽绘图屏幕区域打开两个视口，一个置为平面视图，另一个设定为三维透视窗口，可通过预览观察放样方向是否正确，如果反向了，可选择【路径反向】反转过来。

编辑修改路径曲面可使用【对象编辑】命令，命令行提示："请选择【加顶点（A）/删顶点（D）/改顶点（S）/改截面（C）】<退出>："，按需求选择回应可进行参数编辑：

1）回应"A"或"D"可以在完成的路径曲面对象上增减顶点。

2）回应"S"可以设置顶点的属性，如标高和夹角。

3）回应"C"可用图中新的截面替换对象中的旧截面。

2. 路径曲面的特点

1）截面是路径曲面的一个剖面形状，截面没有方向性，路径有方向性，路径曲面的生成方向总是沿着路径的绘制方向。截面基点对齐后起始点开始生成。

2）当截面曲线封闭时，形成的是一个有体积的对象。

3）路径曲面的截面显示出来后，可以拖动夹点改变截面形状，路径曲面会动态更新。

4）路径曲面可以在任何用户坐标系下使用，但是作为路径的曲线和断面曲线的构造坐标系必须平行。

路径曲面用途很广，常用来构建屋顶檐口、家具封边等，图15-3中的檐口就是用路径曲面创建而成的。

15.1.4 变截面体

屏幕菜单命令：【三维工具】→【变截面体】（BJMT）

本命令用于调用三个不同截面沿着路径曲线进行放样造型，其中第二个截面在路径上的位置可选择。变截面体由路径曲面造型发展而来，路径曲面依据单个截面进行造型，而变截面体采用两个或三个不同形状的截面，不同截面之间平滑过渡，可用于建筑装饰造型等。

变截面体可以作为路径的对象有多段线、直线和圆弧，截面对象要求必须是封闭的多段线。

【变截面体】命令操作步骤：

1）指定路径曲线，注意与选择位置靠近的端点为路径的起始端。

2）选取起始截面并设定截面基点。

3）选取终止截面或根据命令行提示键入"S"以增加中间截面。

4）如果需要中间截面，则选择中间截面并指定其基点以及在路径上的位置。

5）选取终止截面并设定其基点。

图15-5是一个古建筑亭子的屋顶造型，采用了变截面体放样对象，图中展示了二维的路径和截面，以及最终生成的三维模型。

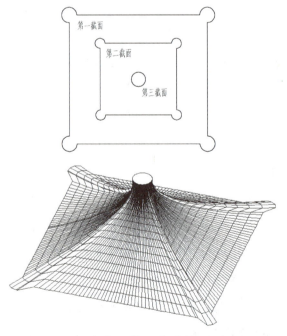

图15-5 变截面体的古建筑屋顶造型

> **注意：**
> 在选取路径曲线时，与选择位置靠近的端点为第一个截面的起始点。

15.1.5　地表模型

屏幕菜单命令:【三维工具】→【地表模型】(DBMX)

本命令用于将一组由封闭的多段线绘制的等高线生成自定义对象的三维地面模型，适用于三维可视化设计环境。

在执行【地表模型】命令之前，首先要绘出全部的闭合等高线，然后移动这些等高线到其相应的高度位置，过程中可以使用中望建筑 CAD 的【Z 向编辑】命令、【特性表】命令或【移动】命令完成等高线 Z 向标高的设置。

在图 15-6a 中，每一条闭合等高线均移位到相对标高的位置；准备工作完成后，采用【地表模型】命令生成图 15-6b 所示的地表三维模型。

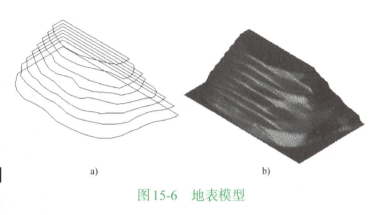

图 15-6　地表模型

任务 15.2　使用面模型工具

15.2.1　实体转面

屏幕菜单命令:【三维工具】→【实体转面】(STZM)

本命令用于将 ACIS（一种 CAD 引擎）实体（包括三维实体和面域）转化为网格面对象。实体模型的好处是编辑比较容易，支持布尔交集、布尔并集、布尔差集运算。如果一个造型已经完成，不需要继续修改，那么可以把它转化为面模型，以便拥有更快的运行速度、更小的存储空间和更广泛的兼容性。

15.2.2　面片合成

屏幕菜单命令:【三维工具】→【面片合成】(MPHC)

本命令用于将零散的三维面变换并组合成为一个整体网格面对象，以方便进一步的操作。本命令可将邻接的三维面合成为一个完整的三维网格面。

> **注意：**
> 本命令只识别三维面，不能将三维面与网格面进行合并。

任务 15.3　使用三维编辑工具

15.3.1　Z 向编辑

屏幕菜单命令：【三维工具】→【Z 向编辑】(ZXBJ)

本命令用于在 Z 轴方向编辑对象，由【位移】和【阵列】两个分支命令组成。本命令便于用户在平面视图下在 Z 方向上移动对象或阵列对象。

图 15-7 中建筑物的装饰护角石就采用了本命令的 Z 向阵列。三维操作中的竖向移动十分频繁，使用【Z 向编辑】命令可显著提高制图效率。

图 15-7　采用【Z 向编辑】命令绘制的建筑物装饰护角石

15.3.2　设置立面

屏幕菜单命令：【三维工具】→【设置立面】(SZLM)

本命令用于将用户坐标系和观察视图设置到由平面两点所确定的立面上。

图 15-8 中的建筑物既不是正南向也不是正北向，如果准备观察建筑物正面或设置正面为当前的用户坐标系，可采用【设置立面】命令来实现，图中右侧的插图即为建筑物正立面的结果视图。

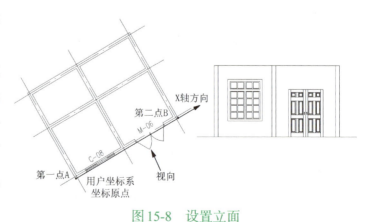

图 15-8　设置立面

项目 16　绘制别墅施工图

本项目内容包括

- ■ 绘制前界面设置
- ■ 绘制首层平面图
- ■ 绘制二层平面图
- ■ 绘制三层平面图
- ■ 绘制屋顶平面图
- ■ 绘制正立面图
- ■ 绘制剖面图
- ■ 绘制详图

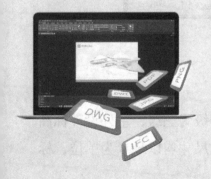

● 任务目标

通过对本项目的学习，掌握以下技能与方法：

1. 学会使用中望 CAD 建筑版软件绘制首层平面图。
2. 学会使用中望 CAD 建筑版软件绘制二层平面图。
3. 学会使用中望 CAD 建筑版软件绘制三层平面图。
4. 学会使用中望 CAD 建筑版软件绘制屋顶平面图。
5. 学会使用中望 CAD 建筑版软件绘制正立面图。
6. 学会使用中望 CAD 建筑版软件绘制剖面图。
7. 学会使用中望 CAD 建筑版软件绘制详图。

● 任务内容

本项目通过一个小型别墅施工图的绘制，综合使用中望 CAD 建筑版软件提供的各类工具，全面示范建筑施工图绘制的整个过程，以巩固和加强前面各项目所学知识，帮助用户迅速完成建筑施工图的绘制。学习完本项目，要求能正确使用中望 CAD 建筑版软件绘制附录中的卫生院图纸。

● 实施条件

1. 台式计算机或笔记本电脑。
2. 中望 CAD 建筑版软件。

任务 16.1　绘制前界面设置

16.1.1　创建新工程

为了方便地管理和利用图形文件，首先要为新建的工程创建一个独立的文件夹。在自己的工作目录下新建一个名为"小别墅"的文件夹，用来保存该工程的各个图形文件。

16.1.2　图形的初始化

选择【设置】→【全局设置】菜单选项，弹出【初始设置】对话框，在【使用方式】选项中将本项目首层平面图的出图比例设为 1∶100，层高设为"3500"，其余参数取默认值，如图 16-1 所示。最后单击【确定】按钮完成图形的初始化设置。

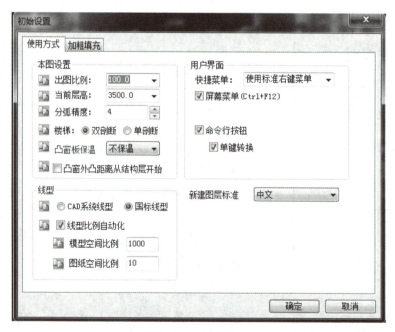

图 16-1　初始设置

16.1.3　小别墅任务简介

本工程为框架结构，抗震设防烈度为七度，抗震等级为三级，室外设计标高为 –1.000m，首层室内地面设计标高为 ±0.000m，制图尺寸均以毫米为单位，标高及总平面图以米为单位。

建筑总层数为3层,外墙为240mm厚的承重混凝土砌块(强度等级为MU10),用M5水泥砂浆砌筑,外墙轴线居中。除注明外,内墙均为加气混凝土砌块,内墙墙厚均为120mm,内墙轴线居中。

任务 16.2　绘制首层平面图

利用前面所学的平面图绘制工具绘制出轴网、柱子、墙体、门窗、楼梯、台阶、散水等,得到首层平面图;然后通过对首层平面图的修改,可得到二层平面图、三层平面图以及屋顶平面图。小别墅首层平面图的最终效果如图16-2所示。

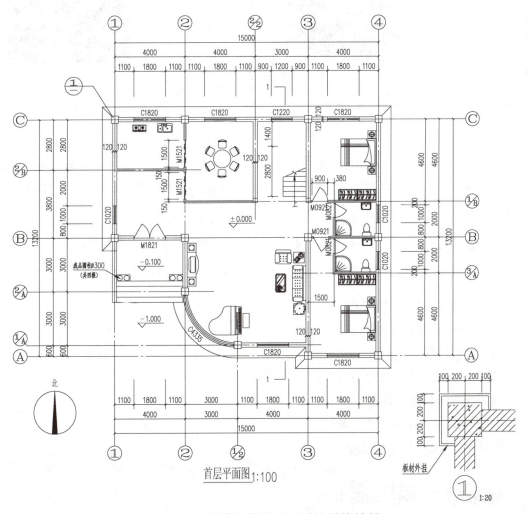

图 16-2　小别墅首层平面图的最终效果

16.2.1 轴网的绘制

首层平面图轴网的绘制步骤如下：

1）选择【轴网柱子】→【绘制轴网】菜单选项，打开【绘制轴网】对话框，选择【直线轴网】选项卡，选中【上开】或【下开】复选框，设置上开间或下开间参数，如图 16-3 所示；选中【左进】或【右进】复选框，设置左进深或右进深参数，如图 16-4 所示。

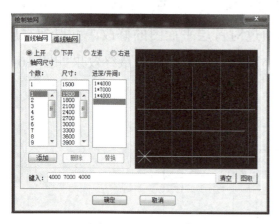

图 16-3　上开间参数

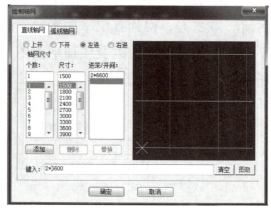

图 16-4　左进深参数

参数设置好以后，单击【确定】按钮，命令行提示："点取位置或 [转 90 度 (A)/ 左右翻 (S)/ 上下翻 (D)/ 对齐 (F)/ 旋转 (R)/ 基点 (T)]< 退出 >:"，然后在屏幕中选适当位置单击鼠标左键，得到如图 16-5 所示的轴网。

2）选择【轴网柱子】→【轴网标注】菜单选项，打开【轴网标注】对话框，选中【双侧标注】复选框，如图 16-6 所示，执行以下命令交互：

请选择起始轴线 < 退出 >:
（单击轴网左侧第一根纵向轴线）
请选择终止轴线 < 退出 >:
（单击轴网右侧第一根纵向轴线）
请选择起始轴线 < 退出 >:
（单击轴网下方第一根横向轴线）
请选择终止轴线 < 退出 >:
（单击轴网上方第一根横向轴线）

轴网标注后的效果如图 16-7 所示。

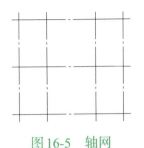

图 16-5 轴网

图 16-6 轴网标注——双侧标注

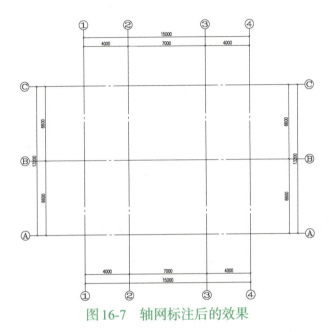

图 16-7 轴网标注后的效果

3）下面以添加①/A轴线为例来说明轴线的添加过程，选择【轴网柱子】→【添加轴线】菜单选项，执行以下命令交互：

选择参考轴线＜退出＞：
（选择Ⓐ轴线）
找到 1 个
新增轴线是否作为附加轴线？[是(Y)/否(N)]＜N＞：
（选择"Y"选项）
偏移距离＜退出＞：600
（输入Ⓐ轴线和①/A轴线的间距"600"）

用相同的方法分别按图中尺寸添加②/A、③/A、①/B、②/B、①/2、②/2附加轴线，添加后的效果如图 16-8 所示。

4）添加附加轴线后多了一些附加轴号，下面可先选中轴号对象；然后单击鼠标右键，在弹出的右键菜单里选择【删除轴号】选项，在弹出的【重排轴号】

对话框中选中【不重排轴号】选项；然后根据命令行提示框选需要删除的轴号，删除多余轴号后的效果如图 16-9 所示。

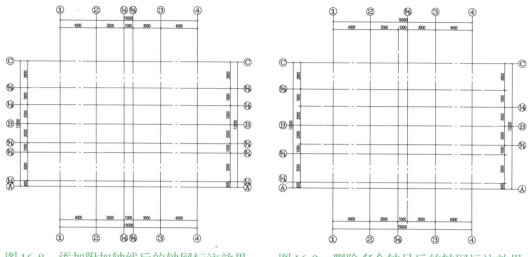

图 16-8　添加附加轴线后的轴网标注效果　　　图 16-9　删除多余轴号后的轴网标注效果

5）删除多余轴号后，有些开间和进深的标注就需要合并，下面先选中尺寸标注；然后单击鼠标右键，在弹出的右键菜单里选择【合并区间】选项，根据命令行提示："请选取合并初始区间或尺寸界线<退出>:"，可以分别选择需要合并的尺寸的初始区间或尺寸界线，合并尺寸区间后的效果如图 16-10 所示。

6）利用【偏移】命令把③轴线往右偏移 1500mm。进一步利用【打断】等命令对轴网进行修改后的效果如图 16-11 所示。

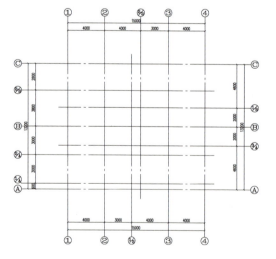 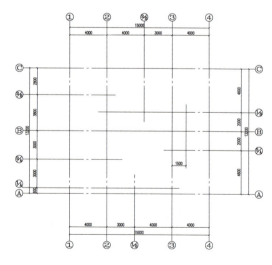

图 16-10　合并尺寸区间后的轴网标注效果　　　图 16-11　打断后的轴网标注效果

16.2.2 墙体的绘制

首层平面图的墙体全部轴线居中，外墙和③轴线、②/②轴线上的墙体厚度为 240mm，其余墙体厚度均为 120mm。

1. 240 墙绘制

选择【墙梁板】→【创建墙梁】菜单选项，打开【墙体设置】对话框，240 墙的参数设置如图 16-12 所示。执行以下命令交互：

图 16-12　240 墙的参数设置

起点或 [矩形布墙 (R) / 沿轴布墙 (S) / 等分加墙 (D) / 图取墙体 (X)]< 退出 >：
（鼠标单击①/A轴和①/②轴的交点）
直墙下一点或 [矩形布墙 (R) / 沿轴布墙 (S) / 等分加墙 (D) / 弧墙 (A) / 墙厚切换 (Q) / 图取墙体 (X)]< 另一段 >：
（移动光标至①/A轴和③轴的交点）
直墙下一点或 [矩形布墙 (R) / 沿轴布墙 (S) / 等分加墙 (D) / 弧墙 (A) / 墙厚切换 (Q) / 回退 (U) / 图取墙体 (X)]< 另一段 >：
（移动光标至Ⓐ轴和③轴的交点）

依次沿逆时针方向绘制到②/A轴与②轴的交点结束，同样方法绘制③轴和②/②轴上的墙体，绘制效果如图 16-13 所示。

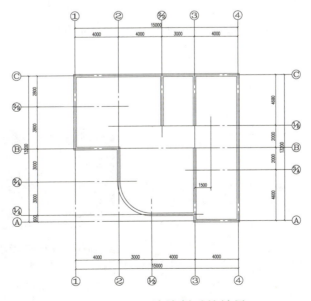

图 16-13　240 墙绘制后的效果

2. 圆弧墙绘制

选择【绘制】→【圆弧】→【起点、端点、半径】选项，分别捕捉②/A轴和②轴的交点、①/A轴和①/2轴的交点，然后输入半径"3000"，得到圆弧，如图16-14所示。

选择【墙梁板】→【单线变墙】菜单选项，打开【单线变墙】对话框，参数设置如图16-15所示。单击【确定】按钮后，根据命令行提示选择刚绘制完的那段圆弧，然后按<Enter>键确认。圆弧墙绘制效果如图16-16所示。

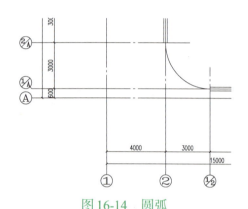

图16-14　圆弧　　　　　　　图16-15　【单线变墙】对话框参数设置

3. 120墙绘制

选择【墙梁板】→【创建墙梁】菜单选项，打开【墙体设置】对话框，120墙的参数设置如图16-17所示。采用和240墙绘制同样的方法，分别捕捉各轴线的交点完成120墙的绘制，图16-18为120墙绘制后的效果。

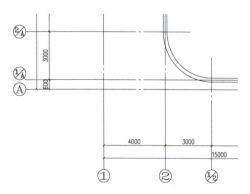

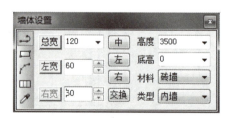

图16-16　圆弧墙绘制效果　　　　图16-17　120墙的参数设置

项目 16　绘制别墅施工图

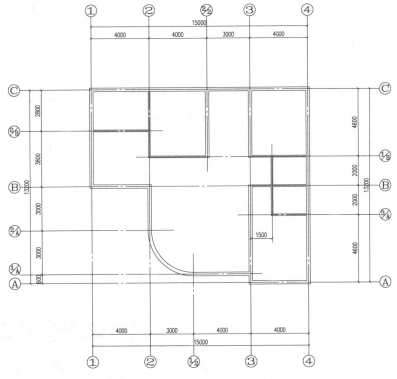

图 16-18　120 墙绘制后的效果

16.2.3　柱子的绘制

柱子的绘制和墙体的绘制均是用轴网进行定位的，所以轴网绘制完成后既可绘制柱子也可绘制墙体，二者没有先后关系。

1. 标准柱

平面图中的标准柱均为截面尺寸为"400×400"的钢筋混凝土柱，柱子的中心与轴线的交点重合，绘制时先选择【轴网柱子】→【标准柱】菜单选项，打开【指定的矩形区域内的轴线交点插入柱子】对话框，参数设置和插入方式如图 16-19 所示。

图 16-19　【指定的矩形区域内的轴线交点插入柱子】对话框参数设置

根据平面图中标准柱的位置可以分别捕捉各轴线的交点，标准柱插入后的效果如图 16-20 所示。

2. 构造柱

在楼梯间入口墙角的位置一般会有两个截面尺寸为"240×240"的构造柱，绘制时先选择【轴网柱子】→【构造柱】菜单选项，根据命令行提示选择楼梯间入口处的墙角；然后打开【构造柱】对话框，参数设置和插入方式如图 16-21 所示；然后单击【确定】按钮插入构造柱。用相同的方法插入另一侧的构造柱，如图 16-22 所示。选中刚插入的构造柱，把构造柱上顶边的中间夹点向上拉伸 120mm，拉伸后的构造柱如图 16-23 所示。

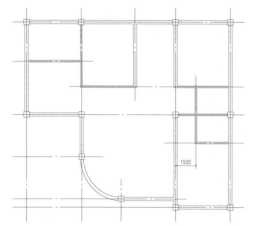

图 16-20 插入标准柱后的效果

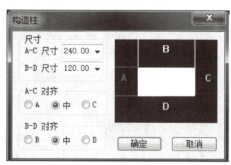

图 16-21 【构造柱】对话框参数设置和插入方式

图 16-22 系统插入的构造柱

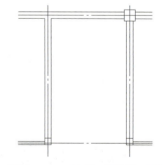

图 16-23 拉伸后的构造柱

3. 圆柱

建筑入口处有四根成品直径为 300mm 的圆柱，高度为 2100mm。绘制时可以用标准柱来插入，选择【轴网柱子】→【标准柱】菜单选项，打开【标准柱】对话框，参数设置和插入方式如图 16-24 所示。根据命令行的提示，插入圆柱完成后的效果如图 16-25 所示。

图 16-24 【标准柱】对话框参数设置和插入方式

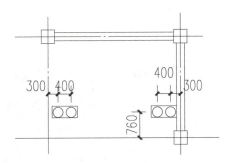

图 16-25 插入圆柱完成后的效果

16.2.4 门窗插入

1. C1820 窗和 C1220 窗

C1820 窗在首层平面图中共有 5 个，插入时选择【门窗】→【门窗】菜单选项，打开【门窗参数】对话框，插入方式选取轴线等分插入，参数设置如图 16-26 所示。执行以下命令交互：

图 16-26 C1820 窗参数设置

点取门窗插入位置或 [左右翻转 (D) / 内外翻转 (A) / 图取参数 (S)]< 退出 >：
(拾取①轴和③轴之间的墙线)

输入门窗个数 (1～2) [参考轴线 (S)]<1>：
(按 <Enter> 键确认，插入客厅 C1820 窗户）

点取门窗插入位置或 [左右翻转 (D) / 内外翻转 (A) / 图取参数 (S)]< 退出 >：

（拾取③轴和④轴之间的墙线）

输入门窗个数(1～2)[参考轴线(S)]<1>：

（按<Enter>键确认，插入卧室C1820窗户）

同样的方法插入厨房、餐厅和另一个卧室的C1820窗户。楼梯间C1220窗户的插入方式和C1820窗户相同，在此不再赘述。

2. C1020窗

C1020窗户在首层平面图中共有3个，插入时选择【门窗】→【门窗】菜单选项，打开【门窗参数】对话框，插入方式选取轴线定距插入，参数设置如图16-27所示。执行以下命令交互：

图16-27　C1020窗参数设置

点取门窗插入位置或[左右翻转(D)/内外翻转(A)/图取参数(S)]<退出>：

（拾取⑧轴和②⑧轴之间的墙体，注意拾取点要靠近⑧轴端）

点取门窗插入位置或[左右翻转(D)/内外翻转(A)/图取参数(S)]<退出>：

（拾取⑧轴和③⑷轴之间的墙体，注意拾取点要靠近⑧轴端）

点取门窗插入位置或[左右翻转(D)/内外翻转(A)/图取参数(S)]<退出>：

（拾取⑧轴和①⑧轴之间的墙体，注意拾取点要靠近⑧轴端）

拾取完毕，按<Enter>键结束命令，完成C1020窗户的插入。

3. 弧窗

弧窗的插入选择【门窗】→【门窗】菜单选项，打开【弧窗】对话框，插入方式选取满墙插入，门窗类型为弧窗，参数设置如图16-28所示。执行以下命令交互：

图16-28　弧窗参数设置

选择墙体或 [图取参数(S)]:

(拾取弧墙)

找到 1 个

(按 <Enter> 键确认)

选择墙体或 [图取参数(S)]:

(按 <Enter> 键结束命令，完成弧窗的插入)

窗户的插入方式有很多，在这里只是选择了一些常用的方法来讲解，各窗户插入后的效果如图 16-29 所示。

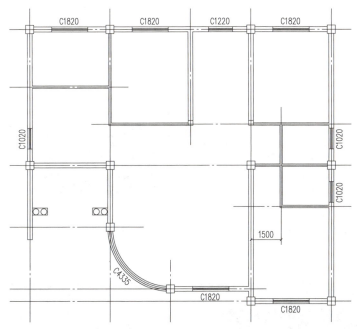

图 16-29　各窗户插入后的效果

4. 卧室门

卧室门在首层平面图中共有两个，门宽均为 900mm，门高均为 2100mm，插入时选择【门窗】→【门窗】菜单选项，打开【门窗参数】对话框，插入方式选取垛宽定距插入，门窗类型为插门，参数设置如图 16-30 所示。执行以下命令交互：

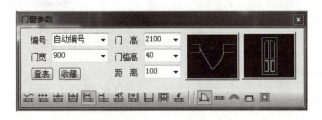

图 16-30　卧室门参数设置

点取门窗插入位置或 [左右翻转 (D) / 内外翻转 (A) / 图取参数 (S)]< 退出 >：（拾取卧室需开门处的墙段，注意拾取点要靠近③轴）

点取门窗插入位置或 [左右翻转 (D) / 内外翻转 (A) / 图取参数 (S)]< 退出 >：（继续拾取需开门的其他墙段，也可按 <Enter> 键结束）

插门时若遇到门的开启方式不符合要求的情况，可通过选取命令行的相关选项来改变。卫生间门的插入方法和卧室门相同。

5. 入户门

入户门属于双扇平开门，门宽为 1800mm，门高为 2100mm，插入时选择【门窗】→【门窗】菜单选项，打开【门窗参数】对话框，插入方式选取轴线等分插入，门窗类型为插门，参数设置如图 16-31 所示。其中，平面图例和立面图例可以通过分别选取预览图片，在弹出的【图库管理】对话框中选取，如图 16-32 所示。

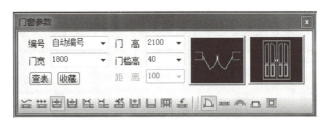

图16-31　入户门参数设置

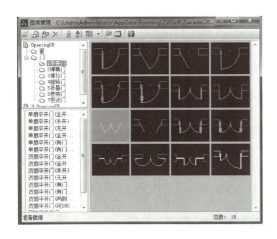 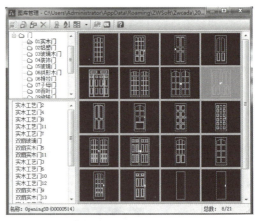

图16-32　入户门平面图例和立面图例选取

6. 厨房、餐厅推拉门

推拉门属于双扇推拉门，门宽为 1500mm，门高为 2100mm，插入时选择【门窗】→【门窗】菜单选项，打开【门窗参数】对话框，插入方式选取轴线定距插入，门窗类型为插门，参数设置如图 16-33 所示。其中，平面图例和立面图例可以通过分别选取预览图片，在弹出的【图库管理】对话框中选取，如图 16-34 所示。执行以下命令交互：

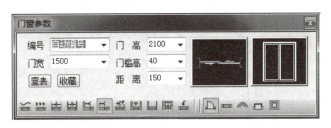

图 16-33　厨房、餐厅推拉门参数设置

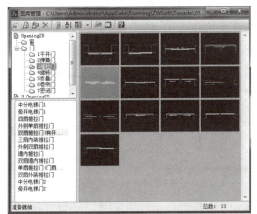 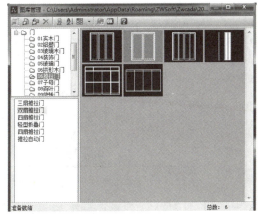

图 16-34　双扇推拉门图例选取

点取门窗插入位置或 [左右翻转 (D) / 内外翻转 (A) / 图取参数 (S)]< 退出 >：
（拾取餐厅开门处靠近2/E轴墙体的端部）

点取门窗插入位置或 [左右翻转 (D) / 内外翻转 (A) / 图取参数 (S)]< 退出 >：
（拾取厨房开门处靠近2/E轴墙体的端部）

按 <Enter> 键，完成推拉门的插入。

7. 门口线

加门口线时，分别选中进户门和卫生间的门，单击鼠标右键，在弹出的右键菜单中选择【门口线】菜单选项，根据命令行提示选择门口线所在侧添加门口线，加门口线后的效果如图 16-35 所示。

16.2.5　楼梯插入

首层层高为 3500mm，楼梯样式采用常用的双跑平行梯，梯间宽为 2760mm

（可图中拾取），梯段宽度为1300mm，梯井宽度为160mm，平台宽度（直平台宽）为1400mm，踏步总数为21，第一跑踏步数为11，第二跑踏步数为10，踏步宽度为280mm，其他参数参见如图16-36所示的对话框。

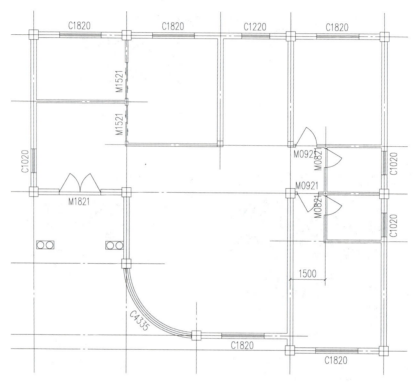

图16-35　加门口线后的效果

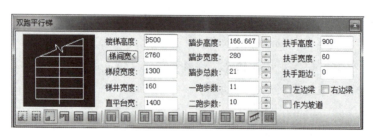

图16-36　双跑平行梯参数设置

插入楼梯时选择【建筑设施】→【双跑楼梯】菜单选项，打开【双跑平行梯】对话框，按图16-36设置好相关参数后，执行以下命令交互：

请点取平台左侧点或 [两点宽度 (D)]＜退出＞：
（拾取楼梯间左上角点）
请点取平台右侧点或 [两点宽度 (D)]＜退出＞：
（拾取楼梯间右上角点，注意此角点不太好选取，请使用【极轴追踪】命令辅助选取）

请点取平台左侧点或 [两点宽度 (D)] < 退出 >：

按 <Enter> 键结束命令，完成楼梯的插入。楼梯插入后的局部效果如图 16-37 所示。

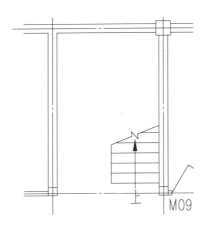

图 16-37　楼梯插入后的局部效果

16.2.6　室外台阶插入

1. 室外台阶

室外台阶平台宽度为 2280mm，台阶标高为"–100"，台阶踏步宽度为 300mm，踏步数目为 5，绘制时选择【建筑设施】→【台阶】菜单选项，打开【台阶】对话框，参数设置如图 16-38 所示。执行以下命令交互：

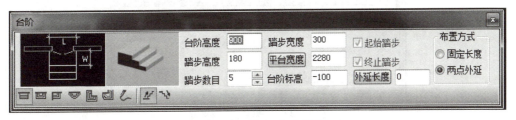

图 16-38　室外台阶参数设置

第一点 (门口左侧) < 退出 >：

拾取门口左上角点，注意此角点不太好选取，请使用【极轴追踪】命令辅助选取

第二点或 [固定长度布置 (D)] (门口右侧) < 退出 >：

拾取门口右上角点，注意此角点不太好选取，请使用【极轴追踪】命令辅助选取

第一点 (门口左侧) < 退出 >：

按 <Enter> 键结束命令，插入台阶后的局部效果如图 16-39 所示。

2. 台阶侧墙

台阶侧墙的绘制方式和其他墙体相同，在此不再赘述，加入台阶侧墙后的局部效果如图 16-40 所示。

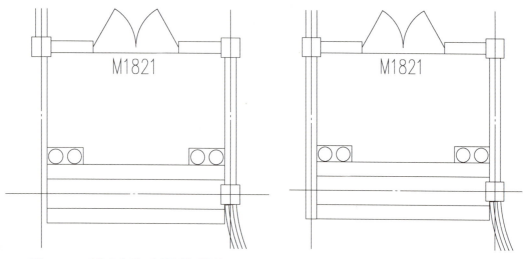

图 16-39　插入台阶后的局部效果　　图 16-40　加入台阶侧墙后的局部效果

16.2.7　散水插入

插入散水时，选择【建筑设施】→【散水】菜单选项，打开【创建散水】对话框，参数设置如图 16-41 所示。执行以下命令交互：

图 16-41　散水参数设置

```
请选择互相联系墙体（或门窗）和柱子或 [自绘散水(D)]<退出>:指定对角点:
(框选整个首层平面图)
找到 65 个,已过滤 32 个
请选择互相联系墙体（或门窗）和柱子或 [自绘散水(D)]<退出>:
```

按 <Enter> 键确认，加入散水后的效果如图 16-42 所示。

项目 16　绘制别墅施工图

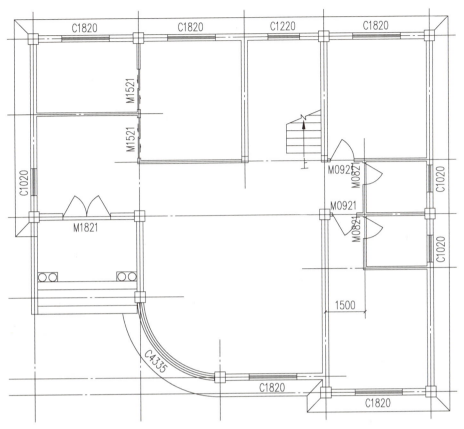

图 16-42　加入散水后的效果

16.2.8　室内布置

可通过【快速插块】和【图库管理】两个命令进行室内布置,下面分别进行介绍。

1)选择【图块图案】→【快速插块】菜单选项,打开【快速插块】对话框,分别选取电视柜、钢琴、双人床、衣柜、淋浴房、水槽和燃气灶,按图示位置插入后的效果如图 16-43 所示。

2)选择【图块图案】→【图库管理】菜单选项,打开【图库管理】对话框。在【图库管理】对话框里有【专用图库】和【通用图库】两个选项,【专用图库】里有立面阳台库、立面门窗库和栏杆库等;【通用图库】里有建筑图库、结构图库和室内图库。打开【室内图库】选项分别选取餐桌、沙发、坐便器和面盆等,插入时根据命令行提示可以旋转和翻转,按图示位置插入后的效果如图 16-44 所示。

237

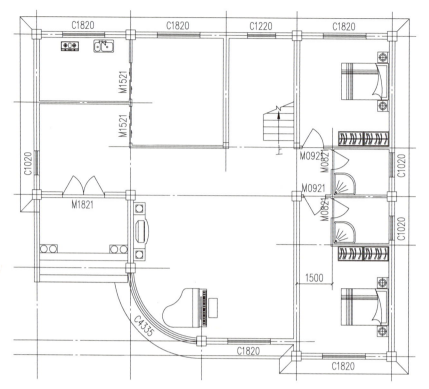

图16-43 采用【快速插块】命令的效果

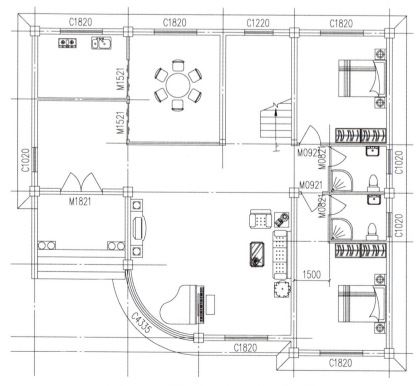

图16-44 进行室内布置后的平面图

16.2.9 尺寸标注

1. 门窗标注

选择【尺寸标注】→【门窗标注】菜单选项,执行以下命令交互:

请先用两点连线选择门窗或所在墙(和第1、2道尺寸),再选欲同时标注的其他墙段起点或 [基准切换(Q)](当前按轴线)<退出>:

(在窗户或门的室内侧任意拾取一点)

终点<退出>:

(在垂直尺寸线方向,在第一、第二道尺寸线外任意拾取一点)

选择其他墙段:指定对角点:

(框选其他墙段和门窗)

找到4个,已过滤13个

选择其他墙段:

按<Enter>键结束门窗标注。用同样的方法标注其他墙段上的门窗。门窗标注完成后如图16-2所示。

2. 内门标注

选择【尺寸标注】→【内门标注】菜单选项,执行以下命令交互:

请用第一点选门窗,注意第二点作为尺寸线位置!

请点取门窗或 [垛宽定位(A)]<退出>:

(拾取需要标注的门窗)

终点(尺寸线位置)或 [垛宽定位(A)]<退出>:

(拾取尺寸线放置位置)

用同样的方法可标注其他门。内门标注完成后如图16-2所示。

3. 墙厚标注

选择【尺寸标注】→【墙厚标注】菜单选项,执行以下命令交互:

直线第一点<退出>:

(在墙体的一侧任意拾取一点)

直线第二点<退出>:

(在墙体的另一侧任意拾取一点)

用相同的方法可标注其他墙段的墙厚尺寸。墙厚标注完成后如图16-2所示。

4. 楼梯标注

选择【尺寸标注】→【逐点标注】菜单选项,执行以下命令交互:

起点 [切换样式(Q)]<退出>:
(拾取梯段左下角点)
第二点 [切换样式(Q)]<退出>: 2800
(拖动光标在第一点的正上方,输入距离值"2800")
请点取尺寸线位置或 [水平标注(H)/垂直标注(V)/标注方向(D)]<退出>:
(指定尺寸线的位置)
请输入其他标注点或 [撤销上一标注点(U)]<结束>:
(拾取墙体或窗户的内侧边线)
请输入其他标注点或 [撤销上一标注点(U)]<结束>:
按<Enter>键结束标注。楼梯标注完成后如图16-2所示。

5. 标高标注

选择【尺寸标注】→【标高标注】菜单选项,弹出【建筑标高】对话框,如图16-45所示,根据命令行提示分别修改楼层标高为"0.000""-0.100""-1.000",对应标注点分别拾取客厅、入户台阶平台和室外地坪。标高标注完成后如图16-2所示。

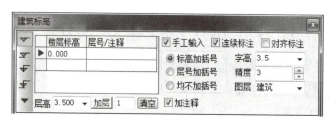

图16-45　标高参数设置

16.2.10　符号和图名标注

1. 剖切符号

选择【文表符号】→【剖切符号】菜单选项,打开【剖切标注】对话框,执行以下命令交互:

点取第一个剖切点<退出>:
(在楼梯间端墙外拾取一点)
点取第二个剖切点<退出>:
(在客厅外墙外拾取一点)
点取剖视方向<当前>:
(移动光标调整剖视方向,按<Enter>键结束命令)

剖切符号标注完成后如图 16-2 所示。

2. 索引符号

选择【文表符号】→【索引符号】菜单选项，打开【索引文字】对话框，【索引编号/图号】设置如图 16-46 所示。执行以下命令交互：

图 16-46　索引符号参数设置

请给出索引节点的位置或 [图取文字 (X)]<退出>:
（拾取①轴和ⓒ轴交叉点处的标准柱）
请给出索引节点的范围 <0.0>:
（按 <Enter> 键接受默认值）
请给出转折点位置 <退出>:
（移动光标至适当位置，单击鼠标左键指定转折点位置）
请给出文字索引号位置 <退出>:
（移动光标至适当位置，单击鼠标左键指定文字索引符号位置）
请给出索引节点的位置或 [图取文字 (X)]<退出>:
（按 <Enter> 键结束命令）

索引符号标注完成后如图 16-2 所示。

3. 箭头引注

选择【文表符号】→【箭头引注】菜单选项，打开【箭头文字】对话框，【对齐方式】选"齐线中"，在【上标文字】文本框里输入"成品圆柱 %%c300"，在【下标文字】文本框里输入"(共四根)"，如图 16-47 所示。执行以下命令交互：

图 16-47　箭头引注参数设置

起点或 [图取文字(X)]<退出>：
（拾取入户台阶上的装饰性圆柱）
下一点或 [弧段(A)]<退出>：
（移动光标至标注线的下一点）
下一点或 [弧段(A)/回退(U)]<退出>：
（水平方向移动光标至下一点）
下一点或 [弧段(A)/回退(U)]<退出>：
（按<Enter>键结束本次标注）
起点或 [图取文字(X)]<退出>：

按<Enter>键结束箭头引注。箭头引注标注完成后如图16-2所示

4. 指北针

选择【文表符号】→【指北针】菜单选项，执行以下命令交互：

指北针位置 - 图层（建筑）或 [改图层(C)]<退出>：
（拾取指北针圆的圆心位置）
指北针方向 - 图层（建筑）或 [改图层(C)]<90.0>：
（移动光标，指定正北方向）

光标移动至合适位置时单击鼠标左键，完成指北针绘制。指北针标注完成后如图16-2中的左下角指北针部分。

5. 详图标注

先按1：100的比例绘制如图16-48所示图形，绘制完成后使用【缩放】命令把所绘图形放大5倍，标注尺寸时注意把【主单位】标签下的【比例因子】设为0.2。然后选择【文表符号】→【详图符号】菜单选项，打开【详图符号】对话框，勾选【详图比例】前的复选框，其他参数设置如图16-49所示。详图标注完成后如图16-2中的右下角详图部分。

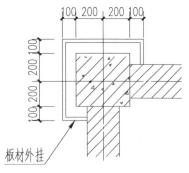

图16-48　标准柱详图

图16-49　详图标注参数设置

6. 图名标注

选择【文表符号】→【图名标注】菜单选项，打开【图名标注】对话框，在文本输入框中输入"首层平面图"或在下拉菜单中选择"首层平面图"，其他参数设置如图 16-50 所示。然后按命令行提示，指定图名的标注位置。图名标注完成后如图 16-2 所示。

图 16-50　图名标注参数设置

任务 16.3　绘制二层平面图

对任务 16.2 中的首层平面图进行修改，可得到二层平面图，如图 16-51 所示。

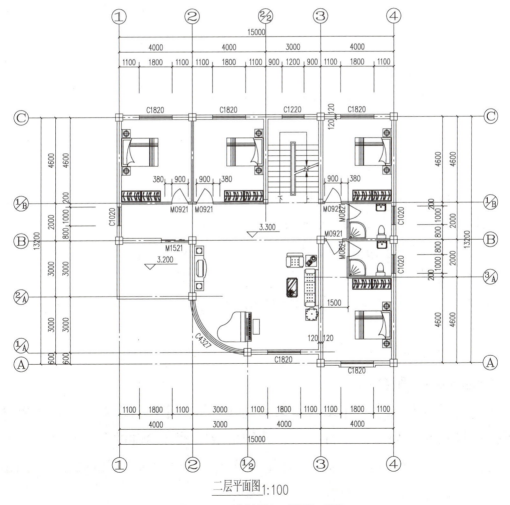

图 16-51　小别墅二层平面图

16.3.1 删除并修改首层部分对象

删除首层部分对象的步骤如下：

1）使用【删除】命令，删除首层平面图上的散水、台阶（以及侧墙）、装饰圆柱、指北针、剖面符号、索引符号、箭头引注、室外标高符号和详图，并继续删除厨房和餐厅的隔墙。

2）删除②/B轴号对象。首先选中轴号，在右键菜单中选择【删除轴号】菜单选项。然后根据命令行提示，框选②/B轴号对象，框选的轴号对象即被删除。

3）添加①/B轴号对象。首先把①/B轴的左端拉伸至和其他轴线的左端平齐，然后选择【轴网柱子】→【轴号标注】菜单选项，根据命令行提示选择①/B轴线的左端，然后输入"①/B"完成轴线标注。

4）调整对应墙段的第三道尺寸线的标注区间，使用【夹点编辑】命令把原来②/B轴上的标注点移至①/B轴。

5）双击图中的图名，把"首层平面图"修改为"二层平面图"。

删除并修改首层部分对象后的首层平面图如图 16-52 所示。

16.3.2 房间复制

房间复制步骤如下：

1）选择【复制】命令，复制④轴和ⓒ轴交汇处的房间里的双人床、衣柜和房间门以及内门标注至②轴和ⓒ轴交汇处的右侧房间。

2）选择【镜像】命令，镜像②轴和ⓒ轴交汇处的右侧房间的双人床、衣柜和房间门以及内门标注至②轴和ⓒ轴交汇处的左侧房间。

房间复制后的二层平面图局部如图 16-53 所示。

16.3.3 局部屋顶露台绘制

1. 绘制露台（阳台）

选择【建筑设施】→【阳台】菜单选项，打开【阳台】对话框，参数设置如图 16-54 所示。根据命令行提示，分别拾取①轴和Ⓑ轴的角点、②轴和Ⓑ轴的角点，按 <Enter> 键插入露台（阳台），露台（阳台）插入后的效果如图 16-55 所示。

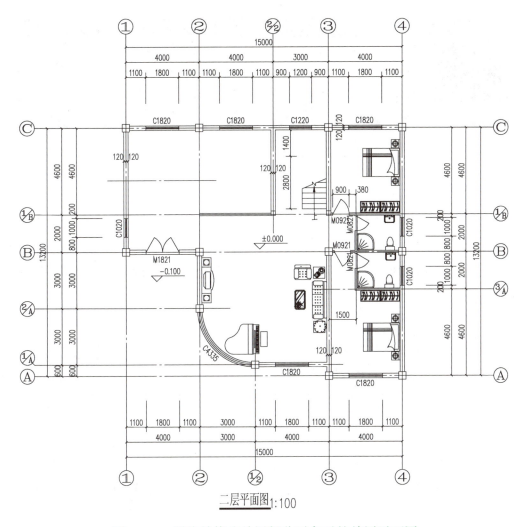

图 16-52　删除并修改首层部分对象后的首层平面图

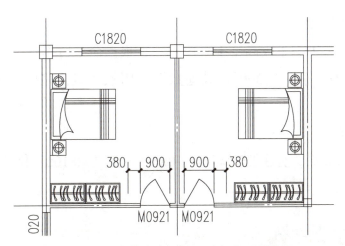

图 16-53　房间复制后的二层平面图局部

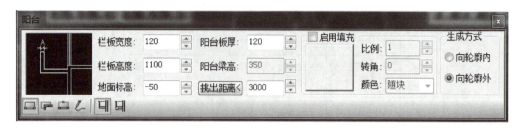

图16-54　露台（阳台）参数设置

2. 替换一层入户门

选择【门窗】→【门窗】菜单选项，打开【门窗参数】对话框，在【编号】下拉列表框里选择"M1521"，插入方式选择，根据命令行提示选择待替换的双扇平开门，替换后使用【移动】命令把门移动至柱边。替换一层入户门后的效果如图16-56所示。

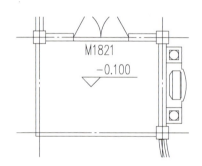

图16-55　露台（阳台）插入后的效果

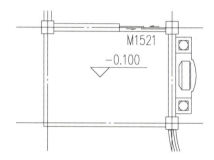

图16-56　替换一层入户门后的效果

16.3.4　修改墙、柱高度和标高

1. 墙、柱高修改

选择【墙梁板】→【改高度】菜单选项，根据命令行提示框选取整个二层平面图，输入新的层高为"3300"，其他数据采用默认值，完成后按<Enter>键结束修改。

2. 修改标高

双击图中的标高，分别把标高"±0.000"和"-0.100"修改为"3.300"和"3.200"。

16.3.5　修改楼梯参数

双击楼梯对象，打开【双跑平行梯】对话框，把对话框中的层高改为

"3300",踏步总数改为"20",一跑、二跑踏步数均为"10",修改楼梯形式为标准层楼梯,如图 16-57 所示。参数修改完成后,单击【确定】按钮,楼梯修改完成,修改后的楼梯如图 16-58 所示。

图 16-57　修改后的楼梯参数

16.3.6　添加窗套

选中南侧主卧室的 C1820 窗户,单击鼠标右键,在右键菜单中选择【加门窗套】菜单选项,执行以下命令交互:

伸出墙的长度<200>:100

(输入伸出墙的长度值为"100")

门窗套宽度<200>:100

(输入门窗套的宽度值为"100")

添加窗套后的效果如图 16-59 所示。

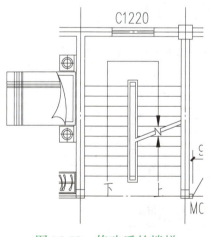

图 16-58　修改后的楼梯

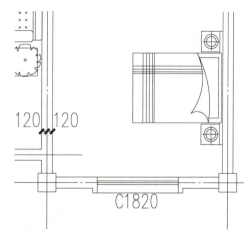

图 16-59　添加窗套后的效果

16.3.7　修改弧窗

双击弧窗对象,打开【弧窗】对话框,修改弧窗的高度为"2700",修改弧窗后的二层平面图如图 16-51 所示。

任务 16.4　绘制三层平面图

对任务 16.3 中的二层平面图进行修改，可得到三层平面图，如图 16-60 所示。

16.4.1　删除二层部分对象

通过和二层平面图的对比，不难发现除了客厅和楼梯间左侧房间有区别外，其他部分和二层平面图基本相同。选择【删除】命令分别删除客厅中的部分外墙、家具，楼梯间左侧两房间之间的分隔墙及房间内的家具和门，二层露台和推拉门。删除二层部分对象后的二层平面图如图 16-61 所示。

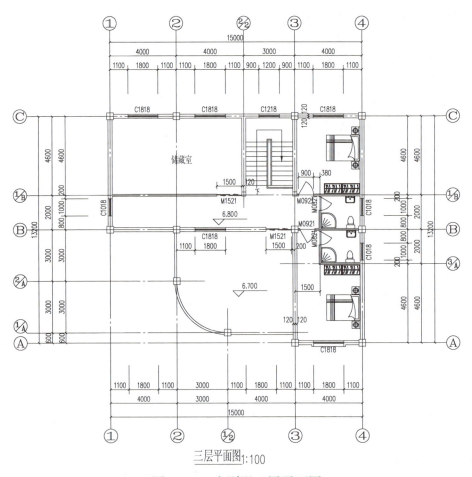

图 16-60　小别墅三层平面图

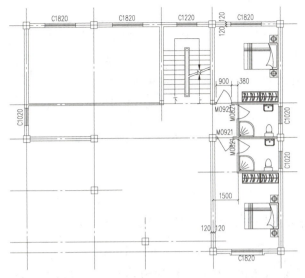

图 16-61　删除二层部分对象后的二层平面图

16.4.2　补绘墙体

选中Ⓑ轴上①～②轴之间的那段墙体，使用【拉伸】命令，把墙体的右端点从Ⓑ轴与②轴的交点处拉伸至Ⓑ轴与③轴的交点处，如图 16-62 所示。

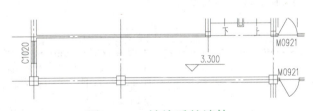

图 16-62　补绘后的墙体

16.4.3　插入门窗

选择【门窗】→【门窗】菜单选项，打开【门窗参数】对话框，在【编号】下拉列表框里选择"M1521"，插入方式选择垛宽定距插入，垛宽距离值设为 0，根据命令行提示选择墙段右端，单击鼠标左键即可插入。以相同的方式可插入①/Ⓑ轴上的 M1521 推拉门。

继续上述操作，在门窗类型里选择 ▭ ，在【编号】下拉列表框里选择"C1820"，插入方式选择轴线定距插入，距离值设为"1100"，根据命令行提示选择墙段左端，单击鼠标左键即可插入。然后选择【门窗标注】→【内门标注】选项对所插入的门窗进行标注，如图 16-63 所示。

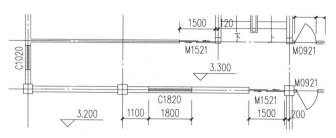

图 16-63 插入门窗后的效果

16.4.4 修改窗高

1）选中本层平面图中所有的窗户，按 <Ctrl+1> 组合键打开【特性】对话框，把对话框中的【高度】数值"2000"改为"1800"。

2）选择【门窗】→【改门窗号】菜单选项，执行以下命令交互：

请选择需要改名称的门窗：

（框选本层所有门窗）

请输入新的门窗编号或 ［自动编号（.）］＜空号＞：

（选择命令行【自动编号】命令选项）

门窗完成修改后如图 16-64 所示。

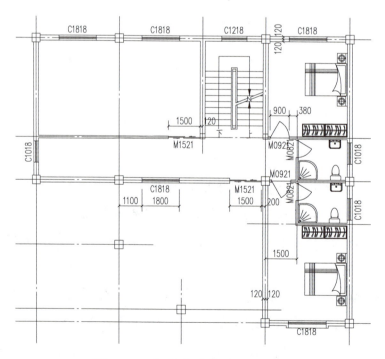

图 16-64 门窗完成修改后的效果

16.4.5 修改楼梯

双击楼梯对象,打开【双跑平行梯】对话框,修改楼梯形式为顶层楼梯,其他参数不变,单击【确定】按钮,楼梯修改完成,修改完成后的楼梯如图 16-65 所示。

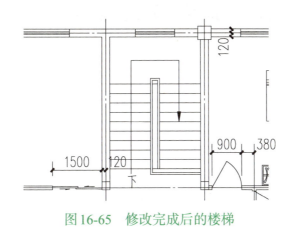

图 16-65　修改完成后的楼梯

16.4.6 局部屋顶露台绘制

1. 绘制露台轮廓线

选择【多段线】命令,绘制如图 16-66 所示的露台轮廓线。

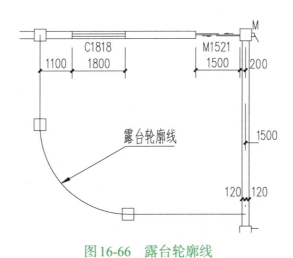

图 16-66　露台轮廓线

2. 绘制露台(阳台)

选择【建筑设施】→【阳台】菜单选项,打开【阳台】对话框,参数设置如图 16-67 所示,执行以下命令交互:

图16-67 局部屋顶露台（阳台）参数设置

选择阳台栏板轮廓＜退出＞：
(选择所绘露台轮廓线多段线)
选择经过的墙柱：指定对角点：
(框选Ⓑ轴和③轴对应露台部分的墙段)
选择经过的墙柱：
(按＜Enter＞键结束墙段选择)
选择阳台栏板轮廓＜退出＞：
(按＜Enter＞键结束命令)

生成的露台如图16-68所示。

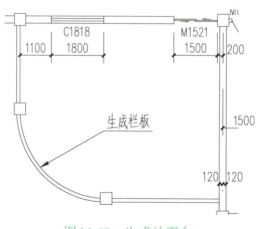

图16-68 生成的露台

16.4.7 修改注释和柱子高度

1. 标高符号修改

双击标高符号，分别把标高数字"3.300"和"3.200"修改为"6.800"和"6.700"，并把修改后的"6.700"标高符号移动至刚刚绘制的露台内。

2. 图名修改

双击图名，把"二层平面图"修改为"三层平面图"。

3. 房间名称

选择【文表符号】→【单行文字】菜单选项,在文字输入框里输入"储藏室",鼠标左键在楼梯间左侧房间内单击,完成房间名称标注。

4. 修改露台上柱子的高度

选择【墙梁板】→【改高度】菜单选项,根据命令行提示选择露台上圆弧墙部分的两个柱子,输入新的层高为"1300",其他数据采用默认值,完成后按 <Enter> 键结束修改。

所有修改完成后的三层平面图整体效果如图 16-60 所示。

任务 16.5　绘制屋顶平面图

对任务 16.4 中的三层平面图进行修改,可得到屋顶平面图,如图 16-69 所示。

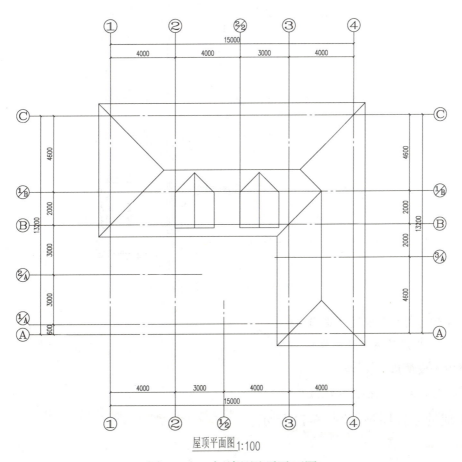

图 16-69　小别墅屋顶平面图

16.5.1 生成屋顶轮廓线

选择【屋顶】→【搜屋顶线】菜单选项，执行以下命令交互：

请选择互相联系墙体（或门窗）和柱子＜退出＞：指定对角点：

（框选复制的三层平面图）

请选择互相联系墙体（或门窗）和柱子＜退出＞：

（按＜Enter＞键结束选择）

偏移建筑轮廓的距离＜600.0＞：

（按＜Enter＞键接受默认值）

生成的屋顶轮廓线如图 16-70 所示。

16.5.2 生成多坡屋顶

选择【屋顶】→【多坡屋顶】菜单选项，执行以下命令交互：

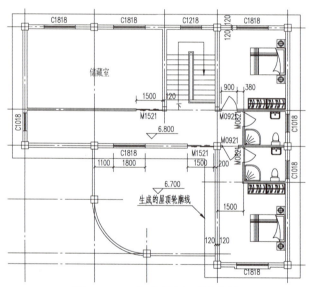

图 16-70　生成的屋顶轮廓线

选择一封闭的多段线＜退出＞：

（选择刚生成的屋顶轮廓线）

请输入坡度角 ＜30＞：

（按＜Enter＞键接受默认值）

生成的多坡屋顶如图 16-71 所示。

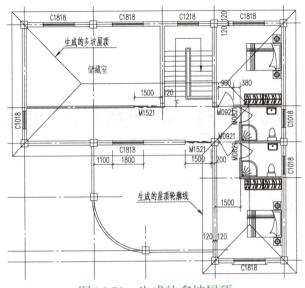

图 16-71 生成的多坡屋顶

16.5.3 清理和标注

删除平面图上与屋顶无关的内容，然后双击图名，把"三层平面图"修改为"屋顶平面图"。清理和标注完成后的屋顶平面图如图 16-72 所示。

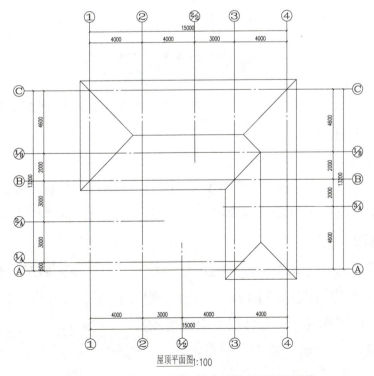

图 16-72 清理和标注完成后的屋顶平面图

16.5.4　插老虎窗

选择【屋顶】→【加老虎窗】菜单选项，拾取屋顶打开【老虎窗】对话框，参数设置如图 16-73 所示。执行以下命令交互：

图 16-73　老虎窗参数设置

选择屋顶：

（选择屋顶的同时打开【老虎窗】对话框，按照图 16-73 所示设置好各项参数）

输入老虎窗位置<退出>：

（按图 16-69 所示拾取第一个老虎窗的插入位置）

输入老虎窗位置<退出>：

（按图 16-69 所示拾取第二个老虎窗的插入位置）

输入老虎窗位置<退出>：

按<Enter>键结束命令，完成后的屋顶平面图如图 16-69 所示。

任务 16.6　绘制正立面图

在生成立面图之前必须先确定各楼层之间的关系，中望建筑 CAD 提供了以下两种确定关系的方法：

1. 单图模式

单图模式下，将各楼层平面图集成到一个 DWG 文件中，然后设置【楼层框】属性，确定每个自然楼层调用哪个平面图，又称为内部楼层表方法。

2. 多图模式

多图模式下，每层平面图是一个独立的 DWG 文件，全部 DWG 文件集中放置于一个文件夹中，用【楼层表】设置平面图与楼层的关系，又称为外部楼层表方法。

下面采用单图模式，将各楼层平面图集成到一个 DWG 文件中，并给每层平面图建楼层框。

16.6.1 建楼层框

选择【文件布图】→【建楼层框】菜单选项,执行以下命令交互:

第一个角点<退出>:
(在首层平面图的左下方拾取一点)
另一个角点<退出>:
(在首层平面图的右上方拾取一点,注意在框选图形时要包含整个平面图的所有对象)
对齐点<退出>:
(拾取每层都有的一个共同点,这里拾取①轴和Ⓐ轴的交点)
层号(形如:-1,1,3~7)<1>:
(若有标准层时,可按提示形式输入,这里直接按<Enter>键接受默认选项)
层高<3500>:
(直接按<Enter>键接受默认选项)

下面用相同的方法分别建立二层平面图、三层平面图以及屋顶平面图的楼层框,效果如图16-74所示。

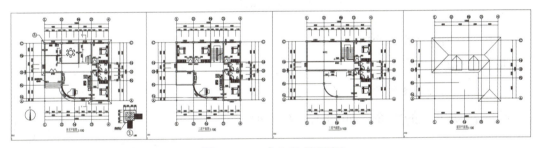

图16-74 建立的楼层框

16.6.2 生成立面

有了楼层框,下面就可以自动生成立面图和剖面图了。建筑立面根据不同投射方向可分为正立面、背立面、东立面和西立面,下面以生成正立面图为例进行讲解,选择【立剖面】→【建筑立面】菜单选项,执行以下命令交互:

请输入立面方向或 [正立面(F)/背立面(B)/左立面(L)/右立面(R)]<退出>: f
(选取命令行【正立面(F)】选项)
请选择要出现在立面图上的轴线:
(拾取①轴线)
找到 1 个

请选择要出现在立面图上的轴线：

（拾取④轴线）

找到 1 个，总计 2 个

请选择要出现在立面图上的轴线：

（按<Enter>键弹出如图16-75所示【生成立面】对话框，按图示设置好各参数后，单击【确定】按钮）

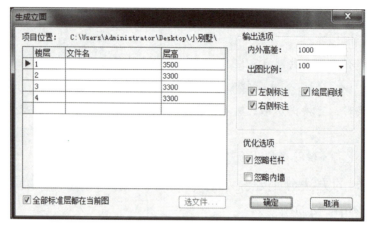

图16-75　立面图参数设置

（系统开始自动生成立面图……）

请点取放置位置：

（指定生成的立面图的放置位置）

系统自动生成的立面图如图16-76所示。

图16-76　系统自动生成的立面图（正立面）

16.6.3 修改柱子

1. 修改柱子轮廓线

根据 1 号详图上的尺寸标注，把系统自动生成的柱子轮廓线分别向两侧偏移 100mm，并删除原来的柱子轮廓线，得到干挂石材后的柱子装饰轮廓，然后把柱子下部轮廓线延伸至室外地坪线。

2. 绘制柱帽

柱帽可参照图 16-77 所示的尺寸进行绘制。

3. 窗户修剪

选择【工具二】→【图形修剪】菜单选项，执行以下命令交互：

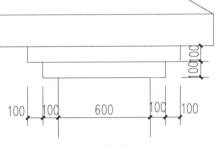

图 16-77　柱帽的尺寸

请选择被裁剪的对象：
（选择窗户对象）
矩形的第一个角点或 [多边形裁剪(C)/多段线定边界(E)/图块定边界(B)]<退出>：
（选择窗户轮廓线与柱子轮廓线的交点）
另一个角点<退出>：
（指定矩形的另一个角点）

窗户修剪前后的对比如图 16-78 所示，可使用同样的方法修改其他窗户。

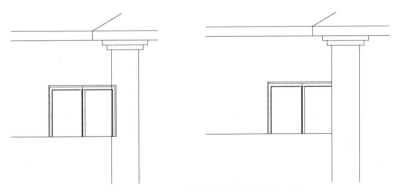

图 16-78　窗户修剪前后的效果对比

16.6.4 修改立面窗户

1. 二层、三层主卧窗户修改

利用【删除】和【直线】等命令把图 16-79a 中的二层、三层主卧窗户修改成图 16-79b 中的样式。

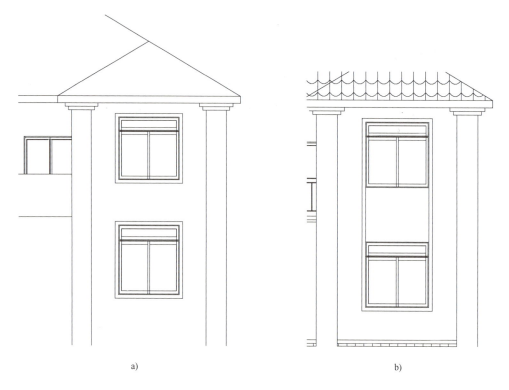

图16-79 二层、三层主卧窗户修改前后的对比

2. 弧窗修改

由于这套小别墅的弧窗比较特殊，系统自动生成的立面图不能满足立面效果表达的需要，下面可以利用中望建筑CAD提供的【删除】【偏移】【修剪】等命令，按照图16-80b的效果进行修改，修改时注意柱面部分的投影。

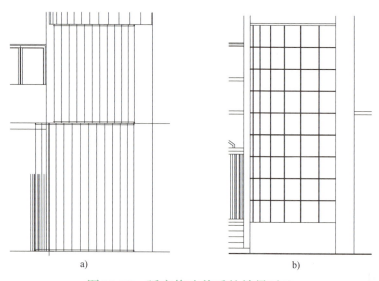

图16-80 弧窗修改前后的效果对比

16.6.5 修改立面栏杆

系统自带的栏杆库里有多种栏杆类型可供选择，这套小别墅的三楼露台栏杆可以用中望建筑 CAD 提供的【删除】【偏移】【修剪】等命令，按照图 16-81 的效果进行修改。修改时，注意柱面部分的投影，栏杆总高度设为 1050mm，其中栏杆下部的挡水台高度为 100mm，装饰腰线高度为 60mm。

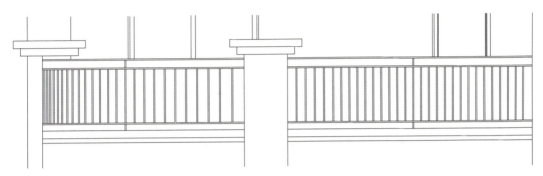

图 16-81　三楼露台栏杆绘制效果

16.6.6 门斗局部立面绘制

由于这套小别墅的入户门斗造型比较复杂，系统提供的立面效果无法满足立面图表达的需要，下面可以利用中望建筑 CAD 提供的【删除】【直线】【圆弧】【修剪】等命令，按照图 16-82 的效果进行绘制。

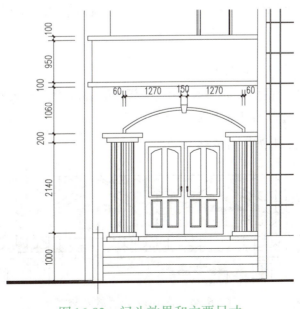

图 16-82　门斗效果和主要尺寸

16.6.7 立面填充

1. 屋面填充

选择【图块图案】→【图案填充】菜单选项,打开【图案填充】对话框,单击对话框左侧的图案预览,在弹出的【选择图案】对话框里找到名为"弯瓦屋面"的图块,选中后单击【选择图案】对话框上部的【OK】按钮,然后根据命令行提示选择屋面轮廓线,在需要填充的区域单击即可完成屋面填充。填充后的屋面效果如图16-83所示。

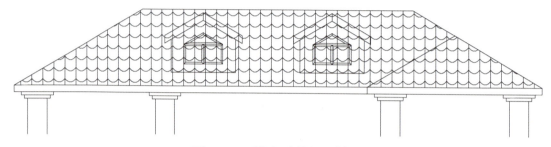

图16-83 填充后的屋面效果

2. 图块屏蔽

1)首先把屋顶上的两个老虎窗利用中望建筑CAD的【创建块】命令分别转化为两个独立的图块。

2)利用中望建筑CAD的【后置】命令,把填充的弯瓦屋面后置。

3)选择【图块图案】→【图案屏蔽】菜单选项,执行以下命令:

选择图块:

(选择刚生成的两个老虎窗图块)

请选择 [精确屏蔽(A)/取消屏蔽(U)/屏蔽框开(S)/屏蔽框关(F)]<矩形屏蔽>:a

(选择命令行中的【精确屏蔽】选项)

图块屏蔽后的效果如图16-84所示。

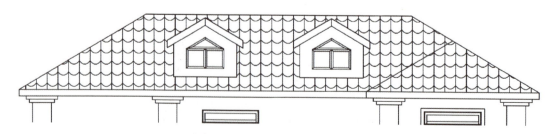

图16-84 图块屏蔽后的效果

3. 墙面填充

在首层层高线的位置绘制间隔为 100mm 的腰线，腰线绘制完成后，选择中望建筑 CAD 的【图案填充】命令，在预定义类型里选择名称为 "AR-B816" 的图块，填充比例设为 100，图案填充后把图层改为和弯瓦屋面相同的 "建 – 填充" 图层。墙面填充后的效果如图 16-85 所示。

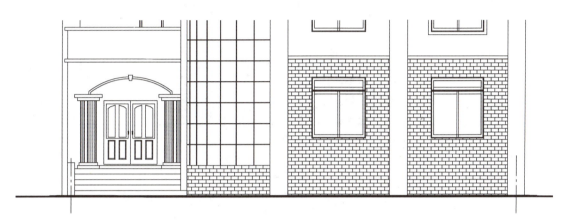

图 16-85　墙面填充后的效果

16.6.8　立面注释

1. 图名标注

选择【文表符号】→【图名标注】菜单选项，在弹出的【图名标注】文本输入框中选择下拉菜单项或直接输入"正立面图"，然后指定插入位置即可完成图名标注。

2. 立面做法标注

选择【文表符号】→【做法标注】菜单选项，在弹出的【做法标注】文本输入框中按立面做法分别输入，然后按命令行提示指定第一标注点、第二标注点和文字线的长度与方向即可。

3. 标高标注

选择【尺寸标注】→【标高标注】菜单选项，在弹出的【建筑标高】对话框中，把【手工输入】前的复选框选中，在楼层标高栏里输入 "4.510" 并标注在二层露台的栏板顶面上；然后撤选【手工输入】前的复选框，系统会自动计算标高数值；然后用同样方法按立面图示标注其他位置的标高即可。

绘制完成后的正立面图如图 16-86 所示。

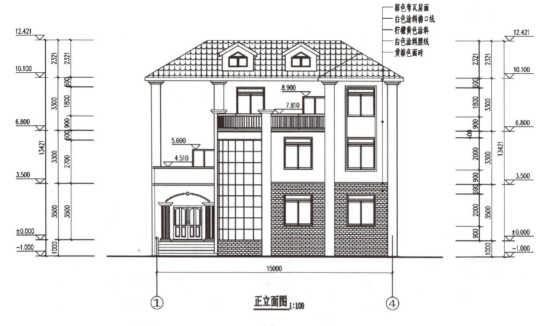

图 16-86　正立面图最终效果

任务 16.7　绘制剖面图

剖面图的生成与生成立面图有些相似，只不过在生成剖面图的时候，除了要选择投射方向外，还需指定剖切位置，因此在生成剖面图之前，必须先建立剖切符号，之前已经在首层平面图中标注了剖切符号，下面来生成剖面图。

16.7.1　生成剖面图

由于在生成立面图之前已经建立了楼层框，所以可以直接选择【立剖面】→【建筑剖面】菜单选项，执行以下命令交互：

请选择一剖切线：
（选择首层平面图上的1—1剖切线）
找到 1 个
请选择要出现在剖面图上的轴线：
（选择1/A轴线）
找到 1 个
请选择要出现在剖面图上的轴线：
（选择C轴线）
找到 1 个，总计 2 个

请选择要出现在剖面图上的轴线：
（按<Enter>键，系统弹出【生成剖面】对话框，如图16-87所示）
（确认各参数正确后，单击图16-87中的【确定】按钮，系统开始自动生成剖面图）
……

请点取放置位置：
（指定生成的剖面图的放置位置）

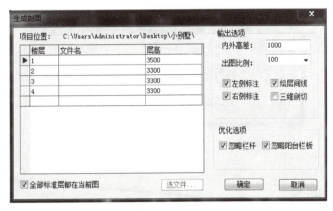

图16-87　小别墅剖面图【生成剖面】对话框

系统自动生成的剖面图如图16-88所示，从中可以看到系统自动生成的剖面图有许多地方还达不到施工图要求的深度，所以还需要对系统自动生成的剖面图做进一步的深化和细化。注意，剖面图深化和细化的处理方法有许多地方和立面图深化和细化的方法是相同的。

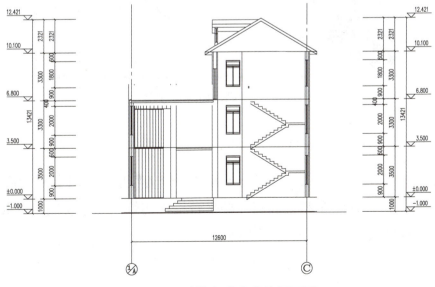

图16-88　系统自动生成的剖面图

16.7.2 绘制剖面楼板

选择【立剖面】→【剖面墙板】菜单选项，打开【剖面墙板】对话框，参数设置如图16-89所示。然后根据命令行提示，在各层的楼层线位置由左至右分别绘制各层楼板。注意，二楼客厅的屋顶（即三楼平台的底板）要比楼层线低100mm。

图16-89　绘制剖面楼板参数设置

16.7.3 绘制剖面梁

选择【立剖面】→【矩形剖梁】菜单选项，打开【绘制剖面梁】对话框，参数设置如图16-90所示。其中，二层和三层的梁高设为"400"，一层的梁高设为"600"，门窗过梁的梁高设为"200"，梁宽同墙宽均设为"240"。

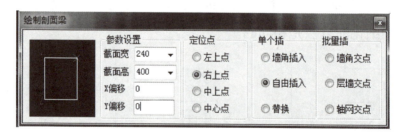

图16-90　绘制剖面梁参数设置

16.7.4 绘制三楼平台栏杆

在绘制三楼平台栏杆之前，将柱子室外部分的轮廓线往外偏移100mm。剖面图三楼平台栏杆的绘制和立面图三楼平台栏杆的绘制基本相同，在此不再赘述。绘制完成的三楼平台栏杆如图16-91所示。

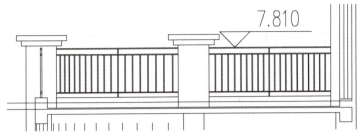

图 16-91　绘制完成的三楼平台栏杆

16.7.5　绘制弧窗

剖面图中的弧窗由于还是立面效果，所以处理方法和立面图中的弧窗基本相同，在此不再赘述。弧窗修改前后的对比如图 16-92 所示。

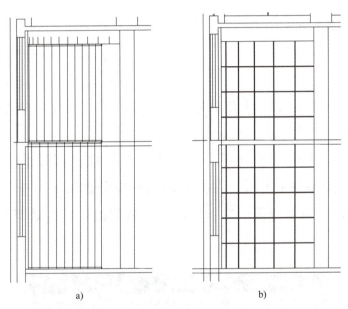

图 16-92　弧窗修改前后的对比

a）修改前　b）修改后

16.7.6　修改楼梯

1. 添加梯段梁

选择【立剖面】→【矩形剖梁】菜单选项，打开【绘制剖面梁】对话框，参数设置为梁高"300"、梁宽"200"。绘制时，按剖面楼梯段的两端分别添加矩形断面的剖面梁，并删除梯段中二层和一层的部分楼板。

2. 添加楼梯扶手

选择【立剖面】→【楼梯栏杆】菜单选项，并执行以下命令交互：

当前栏杆高：1000
指定起始台阶的顶点 [框选剖梯（Q）/ 设置栏杆高（H）]：q
（选取命令行【框选剖梯（Q）】选项）
请框选剖梯对象<退出>：指定对角点：
（框选需要生成栏杆的所有梯段）
找到 4 个，已过滤 4 个
请框选剖梯对象<退出>：

按<Enter>键完成楼梯扶手添加。

3. 扶手接头

选择【立剖面】→【扶手接头】菜单选项，绘制时分别选择扶手的两端，系统智能生成扶手接头。

4. 梯段标注

1）选择【尺寸标注】→【逐点标注】菜单选项，根据命令行提示分别对每一个梯段的竖向尺寸进行标注。

2）选择【文表符号】→【单行文字】菜单选项，打开【单行文字】对话框，参数设置如图16-93所示。在文本输入框里分别输入"十等分""十一等分"，然后分别根据命令行提示进行标注。楼梯修改前后的效果对比如图16-94所示。

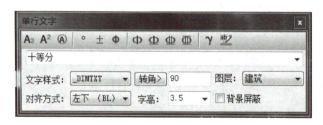

图16-93　梯段标注参数设置

16.7.7　剖面填充

清理剖面图中的一些多余图线，然后选择【图库图案】→【图案填充】菜单选项，分别选择"普通砖"和"钢筋混凝土"图案，按照命令行提示分别对剖面墙和梁板进行填充（图16-94）。

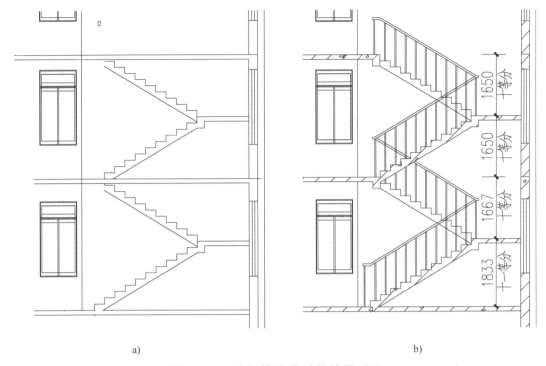

a)　　　　　　　　　　　　　　　　b)

图 16-94　楼梯修改前后的效果对比

a）修改前　b）修改后

16.7.8　添加图名和其他注释

1. 添加图名

选择【文表符号】→【图名标注】菜单选项，打开【图名标注】对话框，在文本输入框里输入"1—1 剖面图"，然后用鼠标左键指定图名位置即可。

2. 标高和角度标注

1）选择【尺寸标注】→【标高标注】菜单选项，在弹出的【建筑标高】对话框中，把【手工输入】前的复选框选中，在楼层标高栏里输入"±0.000"并标注在首层地面上；然后撤选【手工输入】前的复选框，系统会自动计算标高数值；然后用同样方法标注二层地面和三层栏杆的标高。

2）选择【尺寸标注】→【角度标注】菜单选项，根据命令行提示标注坡屋面的角度。

绘制完成后的剖面图如图 16-95 所示。

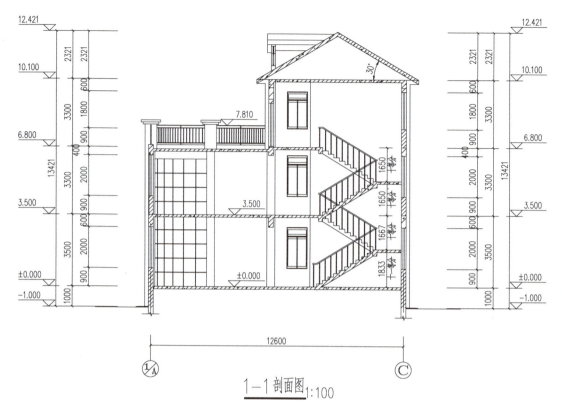

图 16-95 绘制完成后的剖面图

任务 16.8 绘制详图

建筑平面图、立面图和剖面图绘制完成以后，接下来就是建筑详图的绘制了，中望建筑 CAD 提供了在已经绘制完成的平面图的基础上切割出详图部分的图形，然后通过对切割的图形进行修改和完善，最后获得详图的基本方法。

16.8.1 切割生成详图

选择【工具二】→【图形切割】命令，从首层平面图中切割出首层楼梯的图形、从二层平面图中切割出二层楼梯的图形、从三层平面图中切割出三层楼梯的图形，然后执行以下命令交互：

矩形的第一个角点或 [多边形裁剪(C)/多段线定边界(E)/图块定边界(B)]<退出>：
(选取楼梯间外第一个角点)
另一个角点<退出>：
(选取楼梯间外的另一个角点)

请点取插入位置：
(指定插入详图的位置)
出图比例 1:<50>：
(输入详图比例,此处按 <Enter> 键接受默认值)
点取位置或 [转90度(A)/左右翻(S)/上下翻(D)/对齐(F)/旋转(R)/基点(T)]<退出>：

按【Esc】键退出图形切割。

系统自动生成的首层、二层、三层楼梯详图如图 16-96 所示。

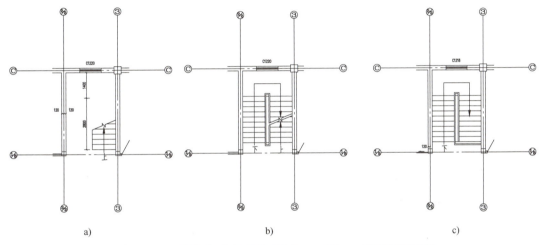

图 16-96 系统自动生成的首层、二层、三层楼梯详图
a）首层楼梯详图　b）二层楼梯详图　c）三层楼梯详图

16.8.2　绘制墙体折断符号

在绘制折断符号之前首先通过【设置】→【全局比例】命令，把当前比例由 1∶100 修改为 1∶50，然后选择【文表符号】→【折断符号】命令对楼梯间两端的墙体分别绘制折断符号。

16.8.3　标注开间和进深尺寸

选择【尺寸标注】→【逐点标注】命令，根据命令行提示分别标注首层、二层、三层楼梯间的开间和进深尺寸。

墙体折断符号和开间、进深尺寸标注完成后的各层楼梯间如图 16-97 所示。

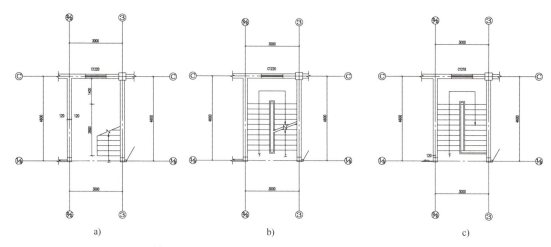

图16-97 墙体折断符号和开间、进深尺寸标注完成后的各层楼梯间

a）首层楼梯间　b）二层楼梯间　c）三层楼梯间

16.8.4 楼梯细部尺寸标注

1）选择【尺寸标注】→【逐点标注】命令，根据命令行提示分别标注首层、二层、三层楼梯间的梯段细部尺寸。

2）选中图中的尺寸标注后单击鼠标右键，在弹出的右键菜单中选择【等式标注】命令，以此命令对梯段部分的尺寸进行等式标注。

3）用【夹点编辑】命令对轴线圆的位置进行调整。

细部尺寸标注后的各层楼梯详图如图16-98所示。

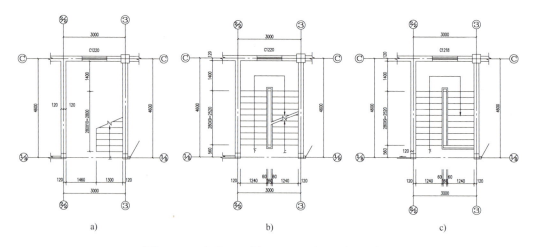

图16-98 细部尺寸标注后的各层楼梯详图

a）首层楼梯间　b）二层楼梯间　c）三层楼梯间

16.8.5 添加图名和其他注释

1. 添加图名

选择【文表符号】→【图名标注】菜单选项，打开【图名标注】对话框，在文本输入框里分别输入"首层楼梯平面详图""二层楼梯平面详图""三层楼梯平面详图"，然后分别用鼠标左键指定图名位置即可。

2. 标高标注

选择【尺寸标注】→【标高标注】菜单选项，在弹出的【建筑标高】对话框中，把【手工输入】前的复选框选中，在楼层标高栏里输入"±0.000"并标注在首层楼梯平台上；用同样的方法标注其他楼梯的楼梯平台和楼层标高。

完整的楼梯平面详图如图 16-99 所示。

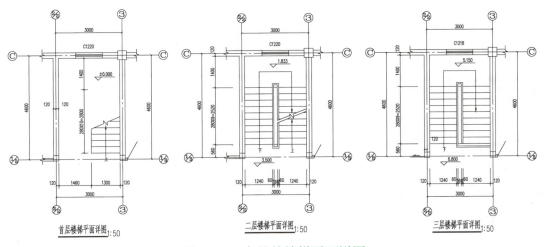

图 16-99　完整的楼梯平面详图

项目 17 图纸布置与出图打印

本项目内容包括

- ■ 设置模型空间与图纸空间
- ■ 设置单比例模型空间布图
- ■ 设置多比例图纸空间布图

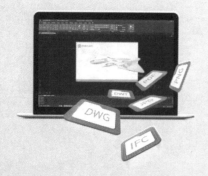

● 任务目标

通过对本项目的学习,掌握以下技能与方法:

1. 学会使用中望 CAD 建筑版软件进行单比例模型空间布图的编辑与打印。

2. 学会使用中望 CAD 建筑版软件进行多比例图纸空间布图的编辑与打印。

● 任务内容

工程图最终要打印输出,本项目介绍了工程图在单比例模型空间和多比例图纸空间打印输出的方法,绘图仪的配置方法,以及中望 CAD 建筑版软件提供的多比例布图解决方案。学习完本项目,要求能正确使用中望 CAD 建筑版软件完成附录中卫生院图纸的输出打印。

● 实施条件

1. 台式计算机或笔记本电脑。
2. 中望 CAD 建筑版软件。

任务 17.1　设置模型空间与图纸空间

为方便布图，中望建筑 CAD 设有模型空间和图纸空间，单击绘图窗口下方的【模型】和【布局】标签，可以方便地在这两个空间之间切换。

1. 模型空间

模型空间主要用于绘制建筑图形。此外，对于一些绘图比例比较单一的图形，可以在模型空间中按单比例布图（即单比例布图）并打印输出。

2. 图纸空间

图纸空间主要用于图形布局并打印输出建筑施工图。在该空间中既可以进行单比例布图，也可按不同的比例（即多比例布图）将多个图形输出到一张图纸上。

任务 17.2　设置单比例模型空间布图

建筑施工图一般是按 1∶1 的实际尺寸进行绘制的，当全图只使用一个比例时，就可直接在模型空间中插入图框打印出图了，这就是单比例模型空间布图，简称单比例布图。

17.2.1　添加图框和布图

选择【文件布图】→【插入图框】菜单选项，打开【标准图框】对话框，如图 17-1 所示。参数设置完成后，单击【插入】按钮即可插入图框。

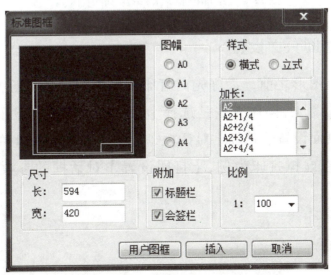

图 17-1　【标准图框】对话框

下面以项目 16 的小别墅首层、二层平面图为例来演示单比例布图。先插入图框至图形，分别调整首层平面图和二层平面图至图框合适位置；然后双击标题栏打开【增强属性编辑器】对话框，修改各项属性值，修改完成后单击【确定】按钮，添加图框后的单比例布图效果如图 17-2 所示。

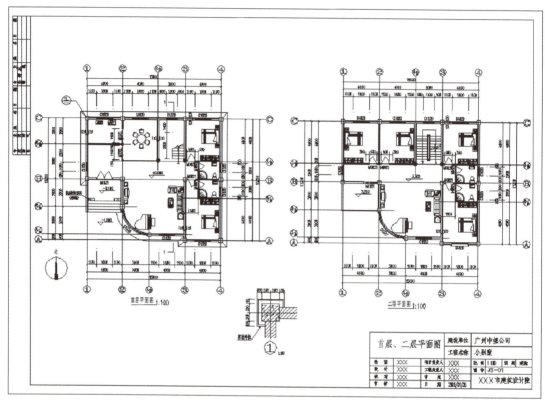

图 17-2　添加图框后的单比例布图效果

17.2.2　模型空间页面设置

在打印输出图形之前，最好先对打印页面进行设置（当然也可单击打印按钮设置各种参数），操作方法是选择【文件】→【页面设置管理器】菜单选项，打开【页面设置管理器】对话框，单击【修改】按钮弹出【打印设置】对话框，下面以虚拟打印为例，【打印设置】对话框的参数设置如图 17-3 所示。

项目 17　图纸布置与出图打印

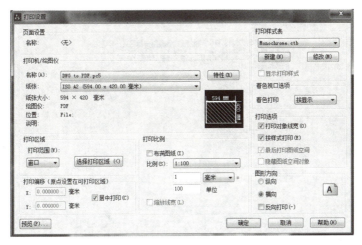

图 17-3　【打印设置】对话框的参数设置

其他参数设置完成后，单击打印机名称右边的【特性】按钮，弹出【绘图仪配置编辑器】对话框，选择【修改标准图纸尺寸（可打印区域）】，在下部的【修改标准图纸尺寸】选择框中选择【ISO_full_bleed_A2_（594.00_×_420.00_MM）】，如图 17-4 所示；然后单击【修改】按钮弹出【自定义图纸尺寸 - 可打印区域】对话框，将【可打印区域】所属的【上】【下】【左】【右】各参数均设为 0，如图 17-5 所示；然后按顺序单击【下一步】和【确定】按钮完成设置。

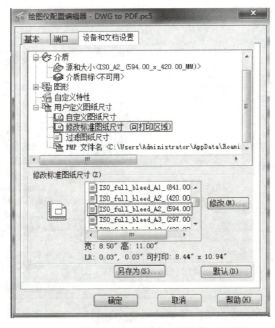

图 17-4　【绘图仪配置编辑器】对话框

277

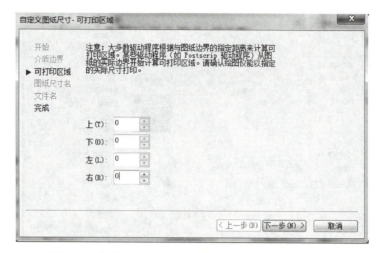

图 17-5 【自定义图纸尺寸 – 可打印区域】对话框

17.2.3　打印图纸

页面设置完成以后就可以开始打印图纸了，单击中望建筑 CAD 标准工具栏上的【打印】按钮，弹出【打印 –Model】对话框，如图 17-6 所示。单击左下方的【选择打印区域】按钮回到绘图界面，框选 A2 图框的两个对角点后重新回到打印界面；然后单击左下角的【预览】按钮可查看打印效果，最后单击【确定】按钮即可打印。图纸打印后的效果如图 17-7 所示。

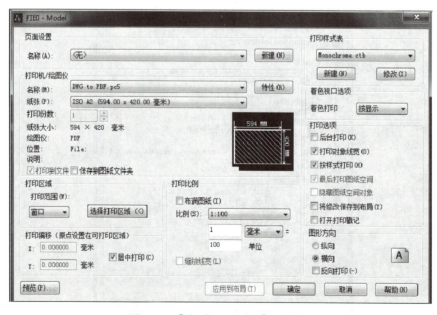

图 17-6 【打印 –Model】对话框

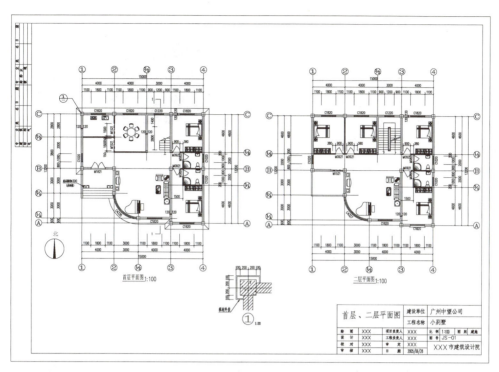

图 17-7　图纸打印后的效果

任务 17.3　设置多比例图纸空间布图

17.3.1　图纸空间页面设置

在打开项目 16 的工程实例图档的情况下，单击绘图窗口下方的【布局】按钮切换到布局空间，此时系统自动生成一个包含本图的视口，删去这个视口后可以看到一张"空白的图纸"。选择【文件】→【页面设置管理器】菜单选项，打开【页面设置管理器】对话框，单击【修改】按钮，在弹出的【打印设置】界面里把【比例】参数设置为 1∶1。其他参数设置同 17.2.2 节，在此不再赘述。

17.3.2　图形显示

在布图打印前，还可对图面的显示进行处理，如进行墙线和柱线的加宽与填充等。方法为选中墙体或柱子，执行鼠标右键菜单中的【加粗状态】和【填充状态】命令，墙体和柱子的边线显示为加粗状态。填充样式则根据墙、柱的比例和材料确定，其样式可在【工具】→【选项】→【加粗填充】中设置，通常接受默认值即可。

17.3.3 布图打印

1. 插入图框

选择【文件布图】→【插入图框】菜单选项，打开【标注图框】对话框，因为页面设置为 A2 图纸，所以【图幅】选"A2"，其他参数如图 17-8 所示。单击【插入】按钮，当命令行提示指定图框位置时输入坐标"0，0"即可准确插入图框。图框插入后，双击标题栏，填写工程名称等信息，填写完后按【确定】按钮退出，整个标题栏中的信息就更新了。

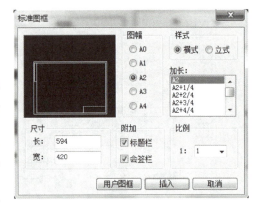

图 17-8 多比例图纸空间布图的插入图框参数设置

2. 布置图形

选择【文件布图】→【布置图形】菜单选项，在命令行提示"输入待布置的图形的第一个角点和另一个角点"时，框选正立面图，出图比例选择 1∶100，将系统切出的视口放到图框中。用同样的方法操作首层楼梯平面详图，出图比例接受 1∶50。然后用【移动】命令调整这两个视口至合适的位置，如图 17-9 所示。

图 17-9 布置图形

3. 打印出图

选择【文件】→【打印…】菜单选项或单击标准工具栏的【打印】按钮，弹出的对话框中的设置都是已经设置好了的，只需要单击【选择打印区域】按钮回到绘图界面；然后框选 A2 图框的两个对角点，重新回到打印界面，单击【预览】可查看打印效果，单击【确定】即可打印，打印结果如图 17-10 所示。

从打印结果可以看出图纸中左侧为 1∶100 的正立面图，右侧为 1∶50 的首层楼梯平面详图。在这个布局空间里，可以把这套工程图的全部图纸都布置出来，比如二层平面图、三层平面图等，只要在打印时选择不同的打印范围即可，并且这些布局会随着 DWG 文件一同保存。

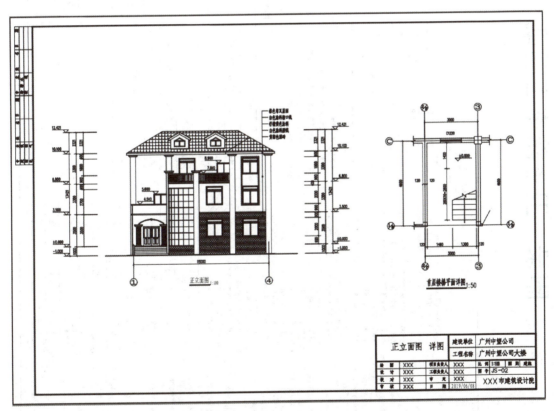

图 17-10　打印结果

附录 卫生院施工图纸

建筑设计说明

一、设计依据
1. 城市规划部门批准的设计方案。
2. 甲方确认的初步设计方案及提出的有关要求。
3. 国家现行法规、规范和规程。
4.《建筑设计防火规范》(GB 50016—2014)。
5.《民用建筑设计统一标准》(GB 50352—2019)。
6.《工程建设标准强制性条文》(房屋建筑部分)。

二、工程概况
本工程为卫生院综合楼建筑施工图设计。总建筑面积为376.8m²；建筑高度为9.100m；建筑结构形式为砖混；位于甲田棱镇。耐火等级为二级。

三、设计标高
1. 本工程士0.000相对标高在现场确定。
2. 各层标注标高为完成面标高(建筑面标高)，屋面标高为结构标高。卫生间地面比同层地面低20mm。
3. 本工程图面尺寸除标明外，均以"mm"为单位，标高以"m"为单位。

四、图护结构的节能设计见国家现行的建筑设计规范，如:《外墙外保温工程技术规程》(JGJ 144—2019)《公共建筑节能设计标准》(GB 50189—2015)

五、砌体工程
1. 本工程墙体均采用灰砂粉白灰砂砖，墙厚除标注外均为240mm厚。
2. 所有室内外墙体均采用蒸压粉煤灰砖60mm处设置墙身防潮层一道(25mm厚)，材料为1∶2.5防水砂浆内掺5%防水剂。室内地坪处的防潮层位置应重合，并在高低处的埋土一侧墙身做25mm内1∶2.5防水砂浆防潮层；如是墙上侧在墙外，应在剖面1.5mm厚聚氨酯防水涂料。

六、防潮防水工程
1. 粘贴外材料粉白灰水泥砂浆打底找平压光、满刮聚氨酯三道聚氨酯防水涂料。卫生间楼板找坡 1.5%，地面2%坡度找坡向地漏。卫生间现浇板在穿柱120mm处，遇门洞口处断开。
2. 平屋面采用3mm厚SBS防水层，详见图中建筑做法。
3. 卫生间应做2％的坡度。

七、门窗工程
1. 门窗各种预埋件的具体尺寸、规格、位置由甲方与厂家确定。

2. 门窗具体构造节点做法由生产厂家根据技术支持。
3. 甲方确认门表中门窗的尺寸均为洞口尺寸。
4. 定做执行门窗时，数量与尺寸以现场测量为准。

八、注意事项
1. 工程施工所采用的建筑制品及建筑材料均应持有关部门颁发的生产许可证及质量检验证明。
2. 施工图按建筑设计统一标明中的未尽事宜按现行施工验收规范执行。
3. 开工前甲方应组织有关设计单位、施工单位进行施工图设计审查并问甲方设计交底，施工过程中发现问题应反馈与设计单位以联系并解决。
4. 窗台高低于900mm的，应加设防护栏杆。
5. 楼梯扶手高度不小于900mm，楼梯水平段栏杆长度大于500mm时，扶手高度不应小于1050mm，楼梯杆杆垂直杆件的净间距不大于110mm。

九、建筑节能设计依据
1)《居住建筑节能设计标准》(DB21/T 2885—2017)
2)《公共建筑节能设计标准》(DB 50189—2015)
3)《建筑外门窗气密、水密、抗风压性能检测方法》(GB/T 7106—2019)
4)《建筑幕墙》(GB/T 21086—2007)

2. 气候类型为青岛地区寒冷地区Ⅱ A类气候区。
3. 建筑体形系数：本建筑外形体形系数与外表面积/建筑体积为 0.21。
4. 综合传热系数及限值

维护结构部位		传热系数[kW/(m²·K)]	限值[kW/(m²·K)]
屋面		0.47	0.55
南外墙		0.62	0.63
北外墙		0.62	0.63
东、西外墙		0.62	0.63
外窗		2.8	2.8
	隔墙	1.7	1.7
	户门	2.0	2.0
楼梯间		0.6	0.65
地面	周边地面	0.52	0.52
	非周边地面	0.3	0.3

5. 窗墙比

维护结构部位	开窗洞口面积	墙体面积	比值
南外墙	62.8	170	0.37
北外墙	44.2	170	0.26
东外墙	0	55.3	—
西外墙	0	55.3	—

6. 建筑构造保温措施
1)外墙：外墙外侧粘贴50mm厚聚苯板，外墙节能构造工艺、系统构造、质量标准及注意事项见见《外墙外保温建筑构造详图(二)》(L01SJ109)。
2)门窗：所有外窗均采用单框中空断桥塑钢玻璃窗。
3)保温材料合理使用年限为25年。

图纸目录

编号	图纸内容	编号	图纸内容
建施-1	建筑设计说明、图纸目录	结施-1	结构设计说明
建施-2	门窗统计表	结施-2	基础布置平面图及基断图
建施-3	一层平面图	结施-3	一层、二层结构平面图
建施-4	二层平面图	结施-4	屋顶结构平面图及楼梯结构详图
建施-5	屋顶平面图		
建施-6	立面图		
建施-7	剖面图及楼梯、卫生间详图		
建施-8	屋顶详图		

设计资质		证书编号	
建设单位	卫生院	设计阶段	施工图设计
工程名称	卫生院综合楼	图号	建施-1
工 程 主 持		图名	建筑设计说明图纸目录
专 业 设 计		日期	
方 案		比例	
批 准			
审 定			
校 对			
绘 制			

门窗统计表

分类	编号	洞口尺寸/mm	数量	引用标准图集或大样所在图纸	备注
窗	C1	1800×2100	—	单框中空断桥玻璃	绿色钢钢窗
	C2	1500×2100	—	单框中空断桥玻璃	绿色钢钢窗
	C3	1800×1800	—	单框中空断桥玻璃	绿色塑钢窗
	C4	1500×1800	—	单框中空断桥玻璃	绿色塑钢窗
	C5	3480×1800	—	单框中空断桥玻璃	绿色塑钢窗
	C6	1200×1000	—	单框中空断桥玻璃	绿色塑钢窗
门	M1	3480×2100	—		12mm厚全玻门
	M2	900×2100	—	L92J601第62页,M2-115	木质夹板门
	M3	900×2100	—	L92J601第59页,M2-60	木质夹板门(磨砂玻璃,下带百叶)
	M4	800×2100	—	L92J601第58页,M2-34	木质夹板门(磨砂玻璃,下带百叶)

注:表中仅给出各门窗的洞口安装尺寸,其具体构造、预埋件和安装方法详见生产厂商提供的标准图;凡窗台高度小于900mm的窗户,皆增设防护栏杆至1050mm。

设计资质		证书编号	
建设单位		设计阶段	施工图设计
工程名称	卫生院	工程编号	
	卫生院综合楼	图号	建施-2
图名	门窗统计表	比例	

批准		工程主持		专业负责	
审定		设计		方案	
审核					
校对		日期			

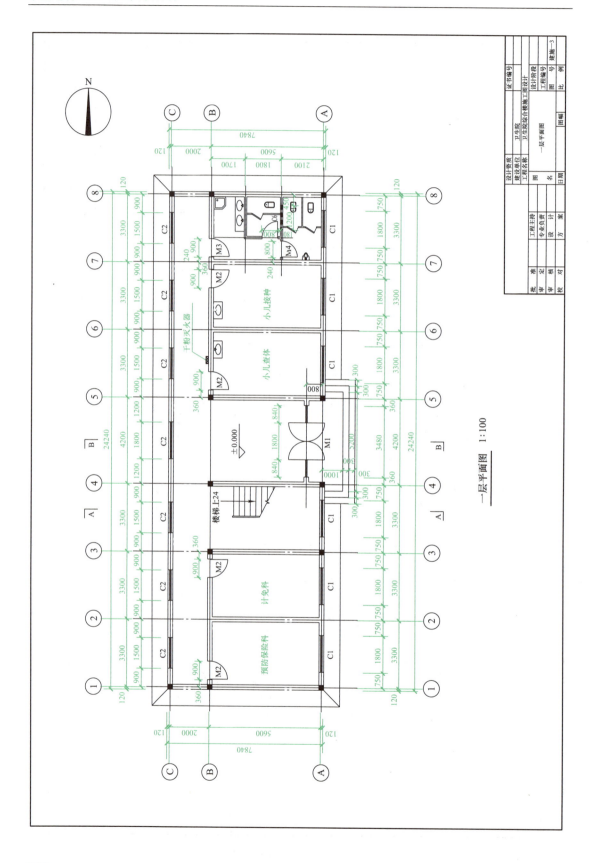

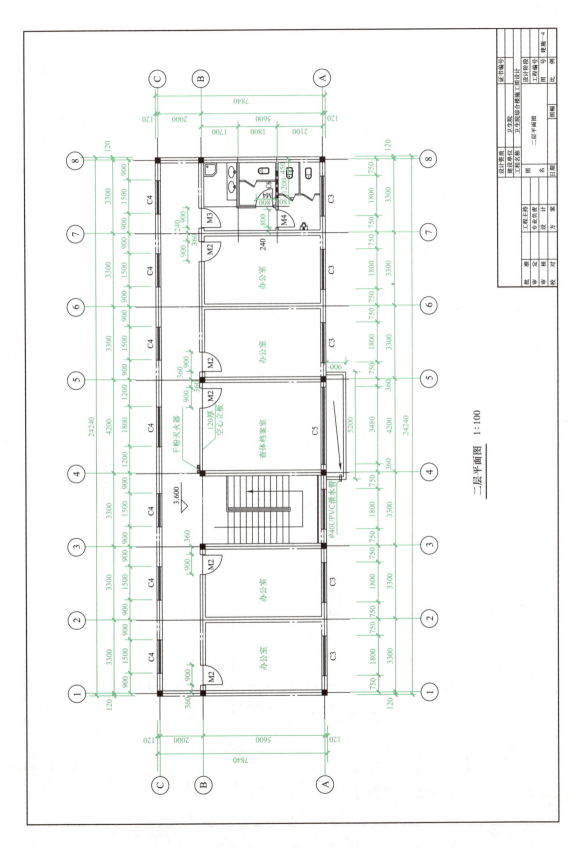

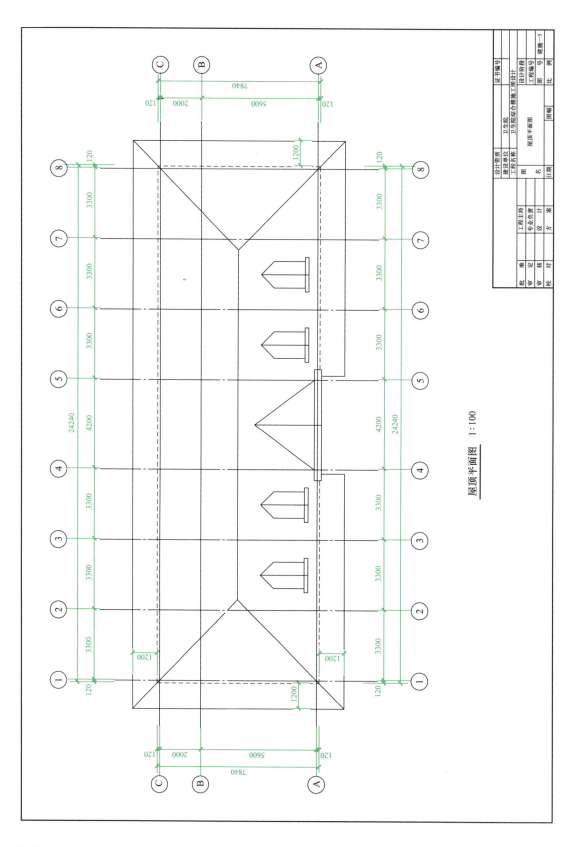

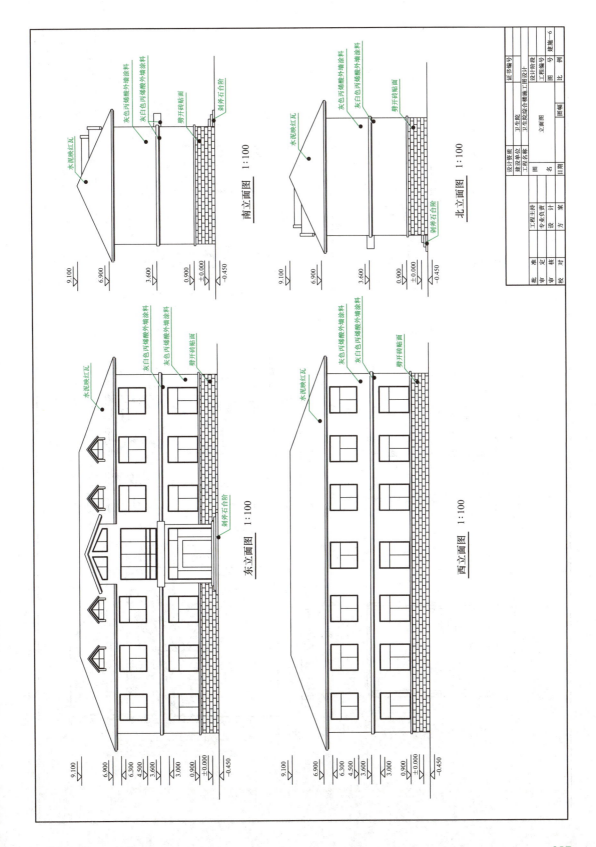

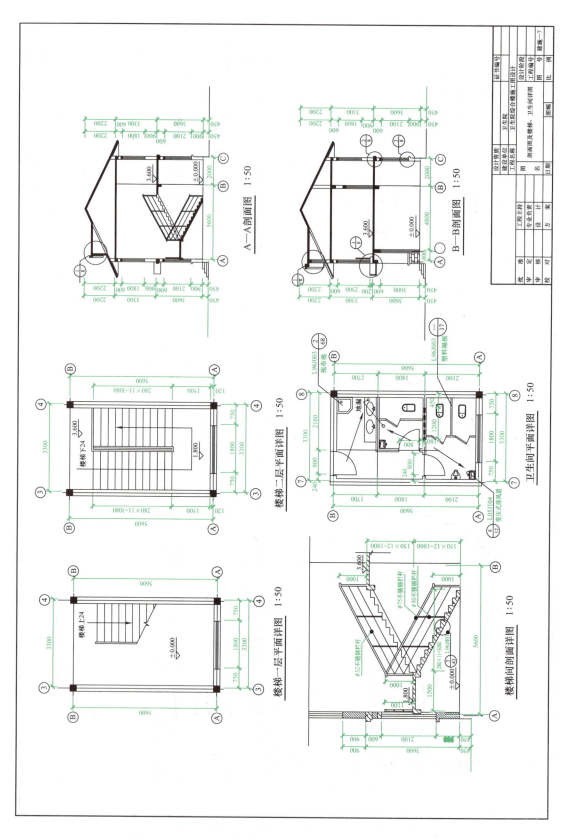

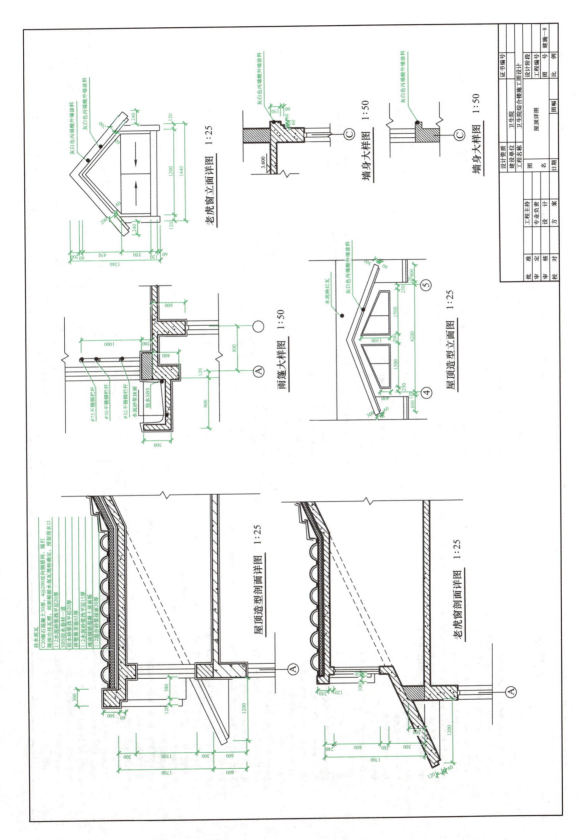

结构设计说明

一、工程概况

1. 本工程为卫生院综合楼施工图设计,砖混结构,建筑设计使用年限为50年。
2. 本工程的工程地质勘察报告由地质勘察队提供地基承载力特征值,取18kPa。基础采用墙下钢筋混凝土条形基础,柱基础为独立柱基础,地基基础设计等级为丙级。
3. 工程抗震设防烈度为6度,建筑抗震设防类别为丙类,场地土类别为Ⅰ类,设计地震分组为第一组,设计地震加速度为0.05g。混凝土结构的环境类别为一类,基本雪压为0.20kN/m²,钢筋混凝土结构加速度取3.5kN/m²,楼屋面恒荷载为2.0kN/m²,不上人屋面活荷载为0.5kN/m²,施工中物料集中堆放,较高荷载集中堆放中荷载分散,所有有效载不得大于设计活荷载,板活荷载标准值。
4. 本工程设计图中的钢筋
   - Φ表示HPB300热轧钢筋
   - Φ表示HRB335热轧钢筋
   - Φ表示HRB400热轧钢筋
5. 本工程设计图中的尺寸除注明外,均以"mm"为单位,标高以"m"为单位。

二、设计依据

采用有关规范及文件
- 《建筑工程抗震设防分类标准》(GB 50223—2008)
- 《建筑地基基础设计规范》(GB 50007—2011)
- 《混凝土结构设计规范》(GB 50010—2010)
- 《建筑结构荷载规范》(GB 50009—2012)

三、地基基础部分

1. 工程地质概况详见地质勘察报告。
2. 基础开挖前应设计人员验收后方可进行下部施工,基础施工过程中发现若与勘察报告实际情况不符,应及时通知设计院会同有关单位研究处理。
3. 混凝土强度等级为:混凝土垫层采用C15,基础垫层为C20,基础强度等级为C25。
4. 基础防潮层做法:20mm厚1:3防水砂浆(内掺5%防水剂)。
5. 基础混凝土保护层厚度为40mm。
6. 基础回填应严格按验收规范进行回填,待基础验收合格后方可施工上部结构。

四、钢筋混凝土部分

1. 混凝土强度等级:现浇板、楼梯、雨篷及圈梁、构造柱、柱混凝土强度等级为C25;其他梁、柱混凝土强度等级为C30。
2. 受力钢筋的混凝土保护层厚度,一般室内正常环境下,除注明外,对于板不小于15mm;对于梁柱不小于30mm。
3. 对于常用位受力钢筋代用时,除满足等强度等原则外,并且受力还应满足规范中有关钢筋的净距、最大间距、最小锚固长度要求规定,并同一受力面的钢筋截面不超过一级。
4. 严格按施工规范要求浇筑混凝土的养护工作:应按照混凝土规范要求控制拆模时间;悬臂构件混凝土强度达到100%后方可拆模,其他构件应在混凝土强度达到70%后方可拆模。

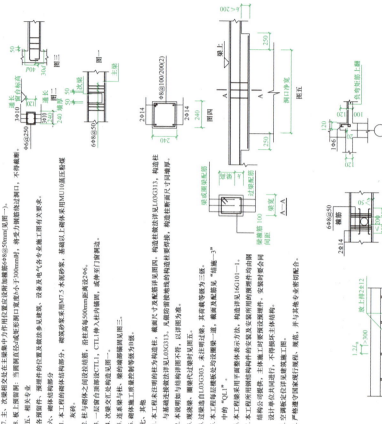

五、相关专业

各相关专业的预留及做法参见各专业图。

六、砌体结构部分

1. 本工程的砌体结构部分,沿柱高每设CTL1,CTL1伸入柱内墙设2Φ6。
2. 与砌体之间设构造柱,做法见图一。
3. 柱与窗台合顶部设CTL,一层窗顶部,或伸至门洞边。
4. 圈梁见图二。
5. 连系梁与柱,梁的端部钢筋锚固要求见图三。
6. 砌体施工质量控制等级为B级。

七、其他

1. 本工程未注明的梁为构造梁,截面尺寸及配筋详见图四。凡防雷接地线的构造柱钢筋要求,构造柱上端应与圈梁可靠连接,以作图五。
2. 本说明加与结构构造详见L03G313,以作图示。
3. 现浇板,圈梁选自L03G303,未注明过梁,其载截面级别为三级。
4. 过梁除L03G303,圈梁及配筋见16G101—1。
5. 本工程每层楼板均采用一道,"结施-3"中的"QL1"。
6. 本工程梁采用平面整体表示方法,构造详见图图。
7. 本工程无挡墙构件的安装均交由钢结构公司提供,主体施工时要预设预埋件,安装时应考虑由钢设计单位定位详见主体建筑施工图。
8. 空调板定位详见建筑施工图。
9. 严格遵守国家现行规范、规程、规定,并与其他专业密切配合。

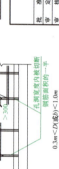
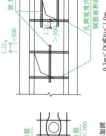

卫生间反坎大样

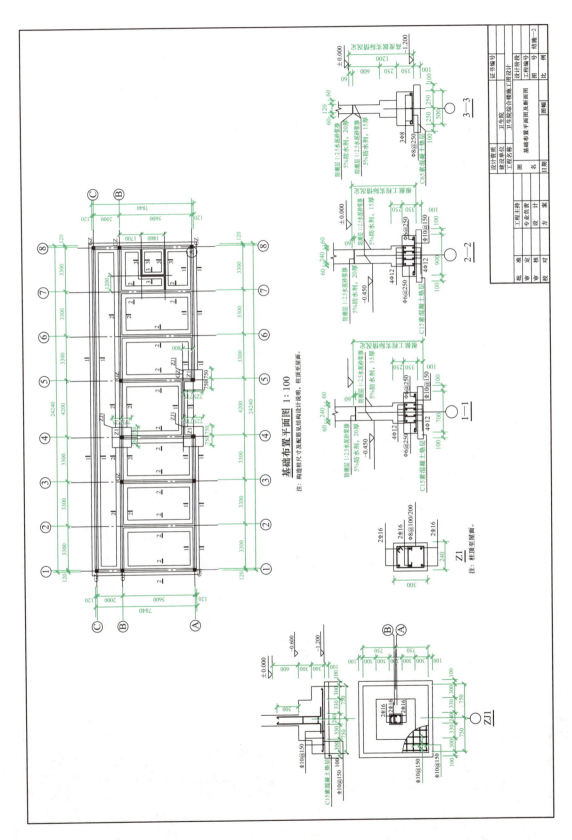

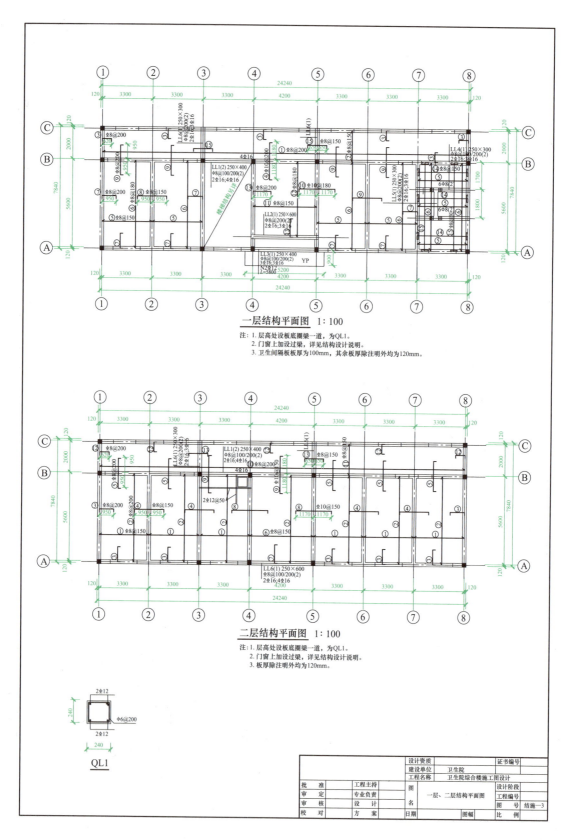

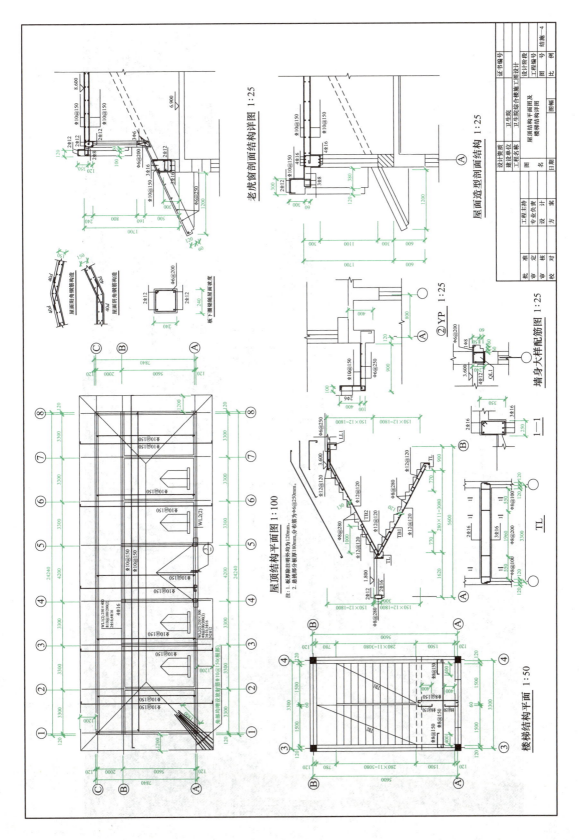

卫生院综合楼效果图